黄土高原生态系统服务权衡关系、驱动机制及尺度效应研究

苏常红　著

气象出版社
China Meteorological Press

内 容 简 介

黄土高原是我国重要的能源基地,也是重要的生态功能屏障区。生态本底差,加之人类活动和资源开发,使黄土高原面临着生态退化的风险。本书基于生态模型、空间分析工具及多源数据融合,对黄土高原 1975 年以来,尤其是退耕还林前后,泥沙截持、产水服务、水源涵养、NPP 固碳、粮食生产等生态系统服务进行评估;采用皮尔逊相关分析对不同生态系统服务权衡与协同关系进行了分析;采用典型相关分析,结合黄土高原延河流域,对不同生态系统服务驱动因素及尺度效应进行了分析。以延河流域为案例,定量分析了退耕还林前后土地利用景观格局变化,对延河流域人类活动进行了定量分析;基于生态系统服务和人类活动强度,对延河流域乡镇进行了聚类分区,并依据分区对延河流域生态优化提出管理建议。以黄土高原汾河上游流域为案例,对簇和地理探测器等分析方法在生态系统服务权衡与协同关系中的应用进行了尝试,拓展了生态系统服务研究方法。采用 DPSIR 分析框架,对汾河上游流域水土资源承载力、生态系统服务、土壤侵蚀进行耦合分析,为区域水土资源合理规划、实现可持续发展提供科学依据。本书旨在通过黄土高原生态系统服务研究,为生态脆弱区生态管理、流域开发、区域可持续发展及生态文明建设提供科学依据。

图书在版编目(CIP)数据

黄土高原生态系统服务权衡关系、驱动机制及尺度效应研究 / 苏常红著. -- 北京 : 气象出版社, 2024. 5.
ISBN 978-7-5029-8221-8

Ⅰ. Q14

中国国家版本馆 CIP 数据核字第 2024YX1729 号

Huangtu Gaoyuan Shengtai Xitong Fuwu Quanheng GuanXi、
Qudong Jizhi Ji Chidu Xiaoying Yanjiu
黄土高原生态系统服务权衡关系 、驱动机制及尺度效应研究
苏常红　著

出版发行:气象出版社

地　　址:北京市海淀区中关村南大街 46 号		邮政编码:100081	
电　　话:010-68407112(总编室)　010-68408042(发行部)			
网　　址:http://www.qxcbs.com		E-mail:qxcbs@cma.gov.cn	
责任编辑:郝　汉		终　　审:张　斌	
责任校对:张硕杰		责任技编:赵相宁	
封面设计:楠竹文化			
印　　刷:北京中石油彩色印刷有限责任公司			
开　　本:710 mm×1000 mm　1/16		印　　张:9	
字　　数:200 千字			
版　　次:2024 年 5 月第 1 版		印　　次:2024 年 5 月第 1 次印刷	
定　　价:78.00 元			

前　言

　　工业革命以来,世界人口增长迅速,城镇化加快,高强度的土地利用及资源开采,对生态系统造成了严重的影响,威胁了人类的生存和发展,生态安全成为人类面临的首要问题。千年生态系统评估结果表明,全球 60%以上的生态系统服务正在受到退化的威胁;过去的半个世纪,中国的生态系统服务总体上也呈退化趋势。生态系统服务退化对人类福祉造成了严重的不利影响。

　　党的十九届五中全会发布了《中共中央关于制定国民经济和社会发展第十四个五年规划和二〇三五年远景目标的建议》,提出绿水青山就是金山银山理念,为未来一个时期生态文明建设和生态保护提供了方向。在生态文明理念下,保障生态系统服务的稳定供给是构建人与自然和谐共生的关键;人类面临的多种生态环境问题本质是生态系统服务的破坏与退化。20 世纪 80 年代以来,生态系统服务逐渐成为学术界关注的焦点。联合国生态系统千年评估、国际生物多样性和生态系统服务科学政策平台、未来地球等一系列重大计划的启动,有力地推动了全球和区域生态系统服务相关研究。

　　生态系统服务种类多样,处理好不同生态系统服务的权衡关系,是科学制定生态修复策略、实现可持续发展的关键。此外,生态系统服务依托于生态过程,并受制于多种自然和人文因素的驱动作用,只有厘清生态系统服务的驱动机制,才能有效地实现生态系统服务的调控,获得稳定的多种生态系统服务的持续供给。生态系统服务所依托的生态过程具有不同尺度,导致生态系统服务本身也呈现出不同的尺度效应,生态系统服务的尺度效应为不同层次的生态系统管理提出了更大的难题。基于这种考虑,有必要对生态系统服务的权衡与协同关系、驱动机制、尺度效应进行探索,为区域生态、经济、社会可持续发展提供生态学建议。

　　黄土高原地处黄河中游,地形破碎、沟壑纵横,降雨少而不均,生态环境脆弱,水土流失严重。作为国家重要的生态安全屏障,黄土高原是国家重点生态功能区组成部分。黄土高原的生态环境问题多年来备受国家关注,先后实施了退耕还林、小流域治理、防护林营造等生态保护政策。通过多种补偿措施和生态修复措施,黄土高原土地利用得到优化,水土流失得以有效控制,生态环境得以改善。但由于生态本底差,加之人口问题和社会经济发展的不均衡,黄土高原生态治理仍然任重道远。以黄土高原为研究区,围绕生态系统服务时空格局、权衡与协同关系、驱动机制、尺度效应开展研究,不仅有重要的理论与实践价值,而且可为类似的生态脆弱区生态系统管理与治理提供重要的示范作用。

本书以黄土高原地区为研究对象，基于模型、分析软件、地理学空间分析方法等，基于野外调查，对黄土高原退耕还林期间，泥沙调控、产水服务、水源涵养、植物净初级生产力等生态系统服务进行定量评估、权衡与协同分析、驱动机制挖掘；并对生态系统服务尺度效应进行了研究。基于生态系统服务和人类活动评估结果，因地制宜提出管理对策建议。本书发展了流域生态系统服务评估方法，可为生态脆弱区生态系统服务维持、生态管理与修复、流域开发及区域可持续发展提供科学依据，具有重要的实践与应用价值。

本书共分8章，第1章至第5章、第8章由苏常红完成；第6章由苏常红、董敏完成；第7章由苏常红、刘慧芳完成。本书由苏常红统稿。

本书在国家自然科学基金项目"暖温带典型草地生态系统服务权衡机制研究：基于植物功能性状经济谱视角"（42271302）资助下完成。主体内容为作者求学及工作期间阶段性成果。本书凝结了众多人的智慧和辛劳，在此表示衷心感谢！撰写过程中，作者指导的硕士生寻雅雯、宋子豪、孙玮祎等对文字进行了校对；作者指导过的硕士生董敏对第6章进行了审阅与修订，部分内容在她的毕业论文基础上进行加工修订而成；作者指导过的硕士生刘慧芳对第7章进行了审阅与修订，并整合了她的毕业论文部分内容。气象出版社的郝汉编辑在本书编辑与出版中付出了很多心血，在此表示深切感谢！

还要感谢中国科学院生态环境研究中心郑华研究员在InVEST模型使用方面给予的帮助和建议。感谢中国科学院地理科学与资源研究所刘宇副研究员在Arc-GIS使用方面的帮助。感谢忻州师范学院罗淑政老师在编辑出版方面提供的宝贵建议。最应感谢的是我的博士导师傅伯杰院士、博士后合作导师刘国华研究员，他们将我带入生态系统服务这个有趣的科学方向，并教诲我不断探索和努力。限于篇幅，恕不一一致谢。

本书从区域及小流域视角开展生态系统服务研究。在编写过程中，引用了国内外学者的许多研究成果，在书中作了标注，对他们的杰出工作，致以崇高敬意。由于水平有限，书中难免有不足之处，祈望读者不吝批评指正，以便我们不断学习提高。

作者：苏常红

2024年2月

目　录

第1章　生态系统服务相关概念内涵

1.1　生态系统服务概念

远古时期,人类就认识到生态系统对人类的作用。柏拉图早在古希腊时期就认识到人类对森林的破坏会导致水源干涸。中国古人也认识到风水林在保护人类生存环境中的重要作用。Marsh(1864)在世界上首次用文字记载生态系统服务,他指出,水、土壤、空气是大自然赋予我们的宝贵财富;在其所著的 *Man and Nature* 中,记载了人类活动导致森林消失、土壤冲刷、草地缺水荒芜、河流干涸。Osborn(1948)也指出,水、土壤、植物、动物是人类文明和生存的重要条件。生态系统不仅为人类提供了生产生活所需的食品、医药、木材、燃料及工农业生产原料,更重要的是作为人类生存和环境载体,生态系统为人类创造了地球生命支持系统。人类当前面临的多种生态环境问题的本质,是生态系统服务受到破坏与退化的结果。围绕生态系统服务,生态学家进行了不同的定义:Daily(1997)认为,生态系统服务是人类通过生态系统过程直接或间接得到的产品和服务,它由自然资本流、物流、信息流构成的自然资本和非自然资本共同产生,用来维持人类生存的自然环境条件及效用。Costanza 等(1997)认为,生态系统服务是人类从生态系统功能中直接或间接获得的各种利益,包括生态系统的产品和公益价值。联合国千年生态系统评估(MA)综合以上定义,认为生态系统服务是人们从生态系统中获取的惠益,包括自然生态系统和人类改造的生态系统,涵盖了直接的和间接的、有形的和无形的各种效益(MA,2005)。随着人类改造自然能力的提高,人类活动对生态系统组成、结构和功能的影响越来越大,对生态系统服务的提供能力造成了削弱。

20 世纪 70 年代开始,人类认识到生态系统服务是生态安全的重要基础,并围绕生态系统服务开展科学研究。紧急环境问题的研究首次提出"生态系统服务及功能",并列出了自然生态系统的"环境服务功能",如害虫防治、昆虫授粉、气候调节和物质循环等(SCEP,1970)。20 世纪 80 年代,随着生态经济学的发展,人们开始评价生态系统在维持大气调控、生物多样性、环境净化、土壤形成、文化旅游等方面的价值。20 世纪 90 年代,美国生态学会组织开展了以 Daily 为负责人的生态系统服务研究,形成了生态系统服务研究论文集 *Nature's Service：Societal Dependence on*

1

Natural Ecosystems,对生态系统服务的描述、测算及评估的纲要提供了详尽的描述。Costanza 等(1997)在 *Nature* 上发表了"全球生态系统服务与自然资本的价值估算",引发强烈反响,有力推动了生态系统服务经济价值研究(宗文君 等,2006)。2000 年世界环境日,联合国启动了千年生态系统评估,首次对全球生态系统过去、现在、未来状况进行评估,极大推动了世界范围内生态系统服务的研究。美国生态学会 2004 年提出的"21 世纪美国生态学会行动计划"也将生态系统服务科学作为生态学重要问题(Palmer et al.,2004)。2006 年,英国生态学会组织科学家提出了 100 个与政策制订有关的生态学问题,首要主题就是生态系统服务的研究(Sutherland et al.,2006)。

进入 21 世纪以来,特别是伴随着 GIS(地理信息系统)等空间分析工具的发展,人们开始关注生态系统服务的形成与维持、生态系统服务的权衡与协同关系、景观格局与生态系统服务关系、生态系统服务空间制图等领域。围绕生态系统服务,主要存在的问题包括:(1)大部分生态系统服务的生态学理解缺乏;(2)生态系统结构-过程与服务的定量关系还不够深入;(3)生态系统服务与人类活动的定量关系仍显不足;(4)基于生态系统服务的可持续性研究中存在的不确定性等;(5)作为生态学和经济学的交叉学科,生态系统服务具有公共物品属性,由此导致的外部经济内部化研究仍然不足(National Research Council,2000;Balmford et al.,2003;Luck et al.,2003;Robertson et al.,2005;Armsworth et al.,2007;Kemkes,et al.,2010)。

1.2　生态系统服务分类及相互关系

1.2.1　生态系统服务的分类

生态系统服务种类繁多,不同生态学家对其分类也相对多样。SCEP(1970)将生态系统服务分为害虫防治、昆虫传粉、渔业、土壤形成、水土保持、气候调节、洪水控制、物质循环、大气组成等。De Groot(1992)将生态系统服务分为调节、承载、生产、信息 4 类。Costanza 等(1997)将全球生态系统分为 16 个类群和 17 种服务类型,分别是大气调控、气候调节、干扰调节、水资源调节、水量供应、侵蚀控制和沉积物截留、土壤形成、养分循环、废物处理、传粉、生物防治、避难所、食物生产、原材料生产、基因资源、休闲娱乐、文化。欧阳志云等(1999)从宏观生态学角度出发,将生态系统服务分为有机质的生产与生态系统产品、生物多样性的产生与维持、调节气候、减少洪涝与干旱灾害、营养物质贮存、土壤形成、传粉与种子扩散、有害生物的控制、环境净化等。Turner 等(1994)和 Hawkins(2003)将生态系统服务划分为直接价值、间接价值、选择价值、遗产价值:直接价值包括生态系统服务中生产的生物资源的价值,如粮食、蔬菜、果品、饮料、木材等及部分非实物价值;间接价值指生态系统提供的生命支持系统;选择价值是未来能利用的生态系统服务价值,常用支付意愿(WTP)来衡量,是一种潜在价值,难以衡量。遗产价值指为后人能受益的自然物品而支付的费用,是物种和生境的体现。

目前,最被人们所接受的分类体系是 MA(2005)提出的四分法。(1)物质提供服务:人们从生态系统中取得的各种现实产品,如食物、燃料、粮食、木材等。(2)调控服务:生态过程的调节作用所带来的各种收益,如大气质量、水质、土壤侵蚀、灾害调控等。(3)文化服务:人们丰富自身认知、体验美学、消遣娱乐等无形收益,包括文化、精神、宗教、教育、美学、怀旧乡土、历史遗迹等。(4)支持价值:对其他生态系统起着支持和先导作用,对人类的有益性往往是间接的,如土壤的发育、植物的光合作用、养分的循环、水资源循环等。由于分类的方法不同,不同分类之间存在着重复的可能,这导致生态系统服务总价值的评估过程中存在重复计算的风险(Fu et al.,2011)

1.2.2 生态系统服务的复杂关系

生态系统服务由不同的生态过程组成,这导致生态系统服务之间存在复杂关系,如何处理好这些关系正是生态系统管理的关键。Bennett 等(2009)认为,生态系统服务之间之所以互相影响,主要是因为两方面原因:一是多种服务受共同的影响因素驱使,如粮食生产服务和土壤保持都受到降雨这个共同因素的影响;二是生态系统服务自身存在复杂作用,如土壤保持和水源涵养往往相伴发生而直接联系。经济社会发展需要协调好人类短期需求和长期可持续发展的关系,其实质就是协调不同时空尺度下的生态系统服务供需。生态系统服务之间的关系可以归结为权衡和协同,前者主要指某项生态系统服务的供给会导致其他生态系统服务的损失,后者指多种生态系统服务同时增加或减少。人们对生态系统服务的需求具有博弈性,这是导致生态系统服务权衡关系的根本。如 20 世纪的大肆垦荒,虽然获得了粮食生产等服务,但也造成了土壤破坏,导致土壤保持、水源涵养等服务严重受损。Raudsepp-Hearne 等(2010)构建了"bundle"(簇)的生态系统服务权衡关系分析法,所谓"簇",指同时同地出现的多重生态系统服务。采用簇方法,Raudsepp-Hearne 等(2010)对加拿大魁北克地区 12 种生态系统服务进行了分类归并,结果表明在城郊农业区,物质提供服务(水质改善)与调控服务(磷的截留)以及文化服务呈现权衡的关系。在区域尺度下,簇分析法已经广泛用于生态功能的区划。在小流域尺度下,簇分析法为识别生态系统服务权衡关系驱动因素发挥了重要作用。如 Pretty 等(2006)采用簇的方法分析表明,某些农业生产活动可同时提高水量平衡、固碳、水质净化等多项生态系统服务。减少生态系统服务权衡,提升生态系统服务多功能性是生态系统管理优化的核心所在。生态学家尝试提出多重生态系统服务协同提升的策略。Bennett 等(2009)从生态系统服务驱动机制角度,提出 3 个假设:(1)社会-生态手段要比单一社会或生态手段更好确定生态服务的关系;(2)找到共同驱动因子是协同生态系统服务关系、实现生态系统管理优化的关键;(3)通过调控生态系统服务可以有效地增强生态系统弹性机制,增强生态系统抗干扰能力。

1.3　生态系统服务尺度特征

生态系统服务所依托的地理过程,受时间和空间的制约,因此往往具有尺度效应。一般来说,大时空尺度下的生态过程约束着小时空尺度生态过程,后者的联合效应往往又驱动前者的发展(Limburg et al. ,2002)。此外,某些生态系统服务只有在特定尺度下才能表达。生态系统服务尺度研究的主要问题有:(1)生态系统过程和服务特征尺度的识别,对于特别是大尺度下的生态管理具有特殊意义。如:净化一定量的水资源需要多大面积森林? 自然生境的空间尺度对传粉和害虫防治服务有什么影响? 土地开发与森林的距离如何确定从而避免影响土壤的水质净化(Houlahan et al. ,2004)? (2)生态系统服务相互关系的尺度效应。(3)干扰导致生态系统服务脆弱性的尺度效应(Petrosillo et al. ,2010)。(4)管理措施和生态系统服务空间尺度的匹配性(Gabriel et al. ,2010),生态系统管理要与特定尺度下生态系统服务的特点匹配。全球尺度的生态系统服务往往是跨区域输送的,某些特定尺度下的生态系统服务评估往往不能反映更大尺度的需求。

1.4　生态系统服务形成与驱动机制

研究生态系统服务驱动机制,有助于剖析生态系统服务变化机制和未来预测,以及如何制定管理策略。生态系统服务不仅依赖于自然生态系统特征,还与社会经济因素息息相关(Andersson et al. ,2007),其驱动力可分为自然驱动力和人为驱动力,前者为内因,后者为外因。广义的驱动机制分析包括驱动因子甄别,还包括驱动机制的模拟以及情景预测。目前,生态系统服务驱动机制仍存在很多不确定因素,格局—过程—服务的级联效应仍不清楚,生态决策中的生态信息相对较少。以生物多样性对生态系统服务的驱动机制为例,一般认为生物多样性对生态系统服务有正向的影响(Balvanera et al. ,2006)。然而,生物多样性影响生态系统服务的机理仍不清楚,通过生物多样性来管理生态系统服务仍然存在很多不确定性,无法形成一个普适性策略。由于对生态系统服务缺乏足够的生态学理解,目前的研究仅围绕着生态系统结构—过程—服务的定量关系开展(谢高地 等,2006)。土地利用变化是联系人类社会和生态系统服务的一个重要介质,其对生态系统服务的影响主要包括:(1)改变生境和资源分布,改变生态系统服务的产生、传递和表达;(2)改变植物特征或功能性状,影响生态系统服务;(3)改变生态系统过程,影响生态系统服务。

1.5　生态系统服务评价方法与手段

1.5.1　能值分析法

人类社会和自然生态系统之间无时无刻不在发生着能量流动、转化与储存。只有同类别能量能够进行比较,而非同类别能量存在质的区别,比如农业生产投入的肥料与生产的生物能,二者具有质的差异。20 世纪 80 年代,能值作为一个新的度量标准开始出现,并在生态学领域得到应用。美国生态学家 Odum(1986)将能值定义为某类能量包含另一类能量的数量。能量类别不同,能质也不同,其所处能量系统中的级别也不同。现实生活中,以太阳能作为共通能值度量其他能量,某种产品的能值就是该产品生产过程中应用的太阳能。不同能值类型具有不同的能值转换率,所谓能值转换率,指某种资源或产品生产过程中相当于太阳能能量的多少(焦耳)。在生态系统中,能流从量多而能质低的层级向量少而能质高的层级流动(Odum,1996)。能值分析法能够将不同类别的能量转换为同一标准进行比较,具有很强的优势。由于能值转换效率具有不确定性,某些物质如矿质元素、信息等与能量关系不大,不容易换算成太阳能。此外,能值在反映人类对生态系统服务的需求性和生态系统服务本身的稀缺性方面存在不足。

1.5.2　物质量分析法

生态系统服务的提供根本上取决于生态系统结构和过程所能提供服务的物质量,如森林的水源涵养量、泥沙拦截量等。其最大优势是能够客观反映生态系统过程和生态系统服务的可持续性,评估结果客观稳定,特别是在评估不同生态系统提供的同一类生态系统服务方面优势更大。其不足之处是由于不同生态系统服务量纲不同,无法进行加和与比较。

1.5.3　价值量评价法

采用货币价值对生态系统服务进行评价长期以来占据重要地位,其优势是共通的货币价值能够使不同生态系统服务实现加和及比较,评估结果可以直接与 GDP(国内生产总值)挂钩纳入绿色 GDP 经济体系;此外,货币结果也容易引起人们的重视。其劣势是评估过程中主观性强、稀缺性过大会导致评估结果过高。

价值量评价又分 3 种:直接市场法、揭示偏好法、陈述偏好法。

(1)直接市场法:该方法对于市场属性强的生态系统服务效果好,如粮食生产服务、洁净的水源等。其评估的一般流程是:①生态系统服务类型的识别;②获取生态系统服务生物量或物质量,并换算为价值量;③经济价值的线性回归;④计算得到生态系统服务的经济价值。该方法包含剂量反应法、影子价格法、替代工程法、生产函数法、人力资本法等。

(2)揭示偏好法:该方法包括替代市场法、支付意愿法、影子价格法、消费者剩余法等。也有人认为市场价值法可以算作是揭示偏好法的一种,或者市场价值法、影子价格法等应该归入直接市场法。

(3)陈述偏好法:由于大多数的生态系统服务具有公共物品属性,很难在市场内进行交易,常用支付意愿来表征该类生态系统服务的价值,主要的方法为条件价值法。

1.6 围绕生态系统服务评估的生态模型的开发

1.6.1 植物净初级生产力(NPP)模型

单位时间、单位面积绿色植物积累的有机物就是净初级生产力,它体现了植物群落的生产能力,也是植物碳汇和生态过程的重要因子,在全球变化和碳平衡研究中起着重要作用(Field et al.,1998)。在国际地圈—生物圈计划(IGBP)、京都议定书、全球变化和陆地生态系统等重大研究计划中,净初级生产力都是核心内容。NPP模型大致有3种类型,分别是统计模型、参数模型、过程模型。

(1)统计模型

早期受限于数据和技术手段的落后,NPP估算多采用简单的统计方法,将植物干物质产量和气候因子建立相关性,进而估算NPP的产量(周广胜 等,1995),也称为气候相关性模型,代表模型如迈阿密模型(Miami模型)、桑斯维特模型(Thornthwaite模型)(Leith et al.,1975)。该类模型由于数据需求少、因子简单、操作简便,获得了广泛应用。不足之处是其对NPP植物生理过程反映不足,误差较大。

(2)参数模型

该模型主要由光合有效辐射和光能转化率两个因子决定,也称为光能利用率模型。光合有效辐射(PAR)是植物进行光合作用、生产有机物的重要驱动力;水分、氮素、光照等均在NPP的生产过程中起着重要作用。将这些限制因子与NPP联系,构建气候调节模型。随着遥感技术的发展,多时段和波段的影像获取成为可能,地表反演、光合有效辐射等数据和环境变量获取更加方便,这一类模型的应用得以加强(郭志华 等,1999;彭少麟 等,2000)。

(3)过程模型

作为一种仿真模型,该类模型强调植物生理生态过程,也称为机理模型,是参数模型的延伸(王宗明 等,2002);即在参数模型基础上添加气象、土壤、植被等参数。

该类模型在评估初级生产、模拟植物生长等方面应用广泛,对全球变化背景下植物生产力动态变化以及土地覆被对气候的响应等研究起了重要作用。其不足是所需参数太多,计算复杂。该模型主要有光能利用率模型(CASA 模型)、陆地生态系统模型(TEM 模型)、生物群系-生物地球化学循环模型(BIOME-BGC 模型)、北方针叶林生态系统生产力模拟模型(BEPS 模型)、生物物理模型(BATS 模型)等;其中,CA-SA 模型在大尺度下 NPP 和全球变化研究中应用最为广泛。Ouyang 等(2016)基于一系列模型,对 2000—2010 年我国粮物生产、水源涵养、土壤保持、防风固沙、洪水调蓄、固碳、生物多样性保护 7 种生态服务进行了评估,揭示了我国生态系统服务空间格局和生态保护的关键区域,并将生态系统服务与受益者联系起来,对区域生态保护重要性进行了评估。

1.6.2　土壤侵蚀模型

(1)经验模型

该类模型基于监测数据,用统计分析法确定土壤侵蚀的主要影响因素。Wischmeier 等(1978)提出了通用土壤流失方程(USLE):$A=RKLSCP$(式中,A 为土壤流失量,R 为降雨侵蚀力,K 为土壤可蚀性,L 为坡长因子,S 为坡度因子,C 为作物管理因子,P 为水保措施影响因子)。之后,科学家对 USLE 进行了修正,提出修正的通用土壤流失方程(RUSLE)。该模型坡度因子为 3‰~15‰,其降雨参数基于年雨量;对于高强度的次降雨数据,该模型适用性受限。Liu 等(2002)以 USLE 模型为基础,结合我国的国情,将模型中的作物管理和水保措施换为生物措施(B)、工程措施(E)、耕作措施(T),提出了中国土壤流失方程(CSLE):$A=RKLSBET$。

(2)物理模型

该类模型基于土壤侵蚀物理过程,集合水文、水力、土壤、泥沙动力等数据,对降雨、径流等土壤侵蚀过程进行模拟,其优势是因子可调整,如美国农业部于 1986 年创立的水蚀预测模型(WEPP 模型),刻画了径流产沙格局。Morgan 等(1998)开发了欧洲土壤流失方程(EUROSEM),该模型将侵蚀细分为细沟侵蚀和细沟间侵蚀,整合了植被截流入渗、降雨、土壤特征等,物理意义强。其他土壤物理模型还包括荷兰土壤侵蚀模型(LISEM 模型)、欧洲土壤侵蚀模型(EUROSEM 模型)、动力侵蚀模型(KINEROS 模型)、水蚀和耕作侵蚀模型(WATEM 模型)等;国内,蔡强国等(1998)以晋西北小流域为例,创立了侵蚀—输移—产沙小流域模型。

(3)分布式土壤侵蚀模型

该类模型将流域划分成网格,以物理模型为基础,对每个网格中的侵蚀量进行计算,并推演至流域出口的侵蚀量(Neitsch et al.,2002)。主要包括土壤和水资源评估工具(SWAT)、流域环境非点源响应模型(ANSWERS 模型)、农业径流非点源泥沙模型(AGNPS 模型)等。

1.6.3 水源涵养模型

国外开展的水源涵养服务研究较少,人们对此认识存在渐变过程,最早的水源涵养单指植被对河流流量和流速的影响(片冈顺 等,1990);此后,逐渐增加了拦截降水部分(孙立达 等,1995)。现阶段,对水源涵养的认识更为全面,其不仅包括植被水文过程,还包括不同水文过程的关联;其计算方法也越来越多样化,包括了土壤蓄水能力法、树冠截留法、水量平衡法、降水储存法、地下径流法等。研究人员尝试以经纬度、海拔、植被等为自变量,气象因素、径流系数为因变量,进行回归构建因果模型。由于回归所需要的参数多、下垫面复杂等,导致其应用受限。

第 2 章　黄土高原生态及社会经济情况

黄土高原位于黄河中上游地区,是中华民族的摇篮和黄土文化的发祥地。黄土高原东至太行山东麓、西接日月山东麓、北接长城、南至秦岭北坡,位于 34°—40°N、102°—114°E,总面积 623800 km²,占我国陆地总面积的 6.4%(刘东生 等,2004;刘广全,2005)。黄土高原包括山西、陕西中北部、甘肃中部和东部、宁夏、青海东北部、内蒙古西南部、河南西部。本区黄土覆盖率高、沟壑纵横,是我国乃至世界水土流失最为严重的地区。本区自然资源丰富,蕴含有丰富的煤炭、石油、天然气,是我国重要的能源重化工基地。在我国自然区划中,黄土高原属东部季风区暖温带半干旱和半湿润地区,在地貌、气候、植被、土壤方面有其典型的特点。

2.1　地形地貌

黄土高原分布有大小不同的山地,分别是东部的东北—西南走向的吕梁山以及东西向的中条山、向北延伸的芦芽山和云中山;主峰超过 2500 m。该区域黄土层深厚,西北坡黄土厚度高于东南坡,以吕梁山最为典型。多年的黄土侵蚀使黄土高原地区地貌复杂,山脊沟谷密布。黄土高原中部地区分布有走向不一的中低山,形成于喜马拉雅山构造期,构成了许多主要河流的分水岭和发源地,如西部的六盘山,西北延伸的屈吴山、西华山、月亮山、大小罗山、云雾山,构成了泾河、葫芦河、祖厉河的分水岭,陕西北部的梁山和白于山,构成了北洛河和无定河的分水岭(中国科学院黄土高原综合科学考察队,1991)。延安市的崂山则构成了北洛河与延河的分水岭。

黄土丘陵是黄土高原地貌的主体,占总面积的 60%,以六盘山和吕梁山为界,分为 3 片,分别是陇中片区、陇东陕北晋西蒙南片、晋中南片区(刘广全,2005)。陇中片区位于六盘山以西、青藏高原以东,海拔 2500～4000 m,是黄土高原丘陵 3 片区中的最高区域。区内以宽谷缓坡为主,坡面多为斜形升起。陇东陕北晋西蒙南片区域介于六盘山、吕梁山、渭北低山之间,呈马蹄形,总地势西北高、东南低,又可细分为:(1)北部黄土丘陵区,该区从山西岢岚、兴县到陕西绥德、志丹,向西南经环县到宁夏固原以北;(2)泾、洛河流域中下游黄土塬,该区西起甘肃平凉、庆阳,经陕西长武、彬县、旬邑的泾河流域,陕西富县、洛川、黄陵的洛河流域,东到晋西南的隰县、吉县等;

(3)陕北晋西中部黄土梁状丘陵,该区位于子午岭以东、吕梁山以西,包括了陕西安塞[①]、宝塔、甘泉、延川,山西离石、方山、石楼等县,该区域水热条件较好,次生林和人工林群落保存完好。晋中南片区位于太行山南部与汾河平原之间,属于山西背斜南境与秦岭褶皱过渡带,黄土堆积较少,本区植被覆盖好,水土流失少。

黄土高原内散布着一些河谷平原,占区域总面积的15%,是工农业生产的重要基地,也是城市乡村聚集分布区(杨勤业 等,1988)。汾河平原和渭河平原呈弧形分布于黄土高原东部和南部,由断陷形成,包括河流阶地和黄土台地,汾、渭平原河流阶地,分河流谷地和黄土台塬。黄河及各级支流漫长的侵蚀发育过程以及区域构造差异,导致黄土高原形成了多级阶地,构成了其不同的水系格局。

2.2　气候特征

黄土高原位于我国东部季风区,地处我国东部平原青藏高原过渡区,盛行西风带南部,近地面气候系统活动频繁,东亚季风环流变化明显(中国科学院黄土高原综合科学考察队,1991)。本区天气以晴朗为主,年均日照时数在2200 h以上,从南到北逐渐增加,最高达2800 h以上。干旱少雨,降水总量少且区域分布不均,为典型大陆性季风气候。冬季,受蒙古冷高压影响,在西风带北支—新疆高压脊前缘形成寒潮和冷锋,10月至次年5月多次出现,寒冷而干燥,有强劲的西北风;春季,蒙古高压退去,北太平洋副热带高压扩展,但热带海洋气团活动弱,降水较少,随地面增温蒸发加大,往往会导致春旱发生;夏季,太阳辐射增温,盛行偏东风,太平洋副热带高压北移,势力增强,形成东南季风,北太平洋热带海洋气团到来,产生丰盛的降水,常出现暴雨天气;秋季,北太平洋副热带高压退去,蒙古高压南移,太平洋高压由北向南撤离,往往出现秋高气爽的天气,有时有寒潮发生(田均良 等,2010)。

黄土高原中部离海洋较远,受太行山、吕梁山、秦岭等隔断,呈明显大陆性气候;区域内部气温变化较大,年较差高于25 ℃,由南向北、由东向西递增。1月是本区最冷的月份。关中平原为本区南缘,1月均温为−2~0 ℃,向北减至−10 ℃以下,向西减至−15 ℃以下。兰州位于黄土高原西部,1月均温在−6.5 ℃;7月区域内气温差异不大,平均20~25 ℃。西安、天水,位于渭河谷地,气温超过25 ℃。兰州以西的湟水谷地,气温在20 ℃以下。

黄土高原年降水量在200~700 mm,时空分布差异很大,从东南到西北逐渐减少。东南部沁河流域年降水量达700 mm以上,陕北和陇中年降水量约450 mm,西端年降水量只有300 mm以下。每年7—9月,热带海洋气团进入本区活动频繁,降水较多;夏季降水占年降水量的50%,冬季降水仅占全年的5%左右(刘广全,2005)。

---

① 2016年6月,撤销安塞县,设立延安市安塞区。

本区降水年际变化大,且极不稳定,年均变化在 30%。最高降水年份时,黄土高原东南部年降水量在 800 mm 以上,西北部达 600 mm。最高降水年份是最低降水年份降水量的 3 倍左右。

2.3　土壤特征及侵蚀状况

黄土高原地带性土类分布自东南向西北逐渐过渡,从东南到西北分别为褐土、黑垆土、棕钙土、灰钙土、灰漠土等。南部平原,耕地条件较好,土壤有机质含量较高,形成特殊的娄土,颜色呈褐色。黄土高原草原地带发育出了灰钙土,由壤土向轻壤土过渡,由于钙积层的存在,适于牧草生长,适于放牧。

黄土是第四纪时期产物,由风积作用形成,颗粒均匀而疏松,垂直节理明显。由于多年来植被覆盖不足,在内外应力作用下,土壤易松动,遇水崩解,抗蚀力弱。黄土高原是中国乃至世界水土流失最严重的地区,水土流失区土地面积达 276800 km^2,年均泥沙流失量 13 亿 t(彭珂珊,2000)。黄土高原内部黄河支流众多,特别是在托克托以下地区,汇入众多支流如窟野河、秃尾河、无定河、延河、汾河、洛河、泾河、渭河等;众多支流携大量泥沙入黄河,流入华北平原流速变缓淤积,造成悬河,给下游带来巨大生态隐患(胡春宏,2005)。黄土高原地区的水力侵蚀又分沟蚀、面蚀、垮塌等多种形式。不同类型的侵蚀在表现形式和规律上都不同。黄土高原土壤侵蚀与植被类型密切相关,大致分为:半湿润阔叶林水力重力侵蚀带、半干旱森林草原水力侵蚀带、半干旱草原风力水力侵蚀带、干旱草原荒漠风力侵蚀带。

黄土高原水土流失区土壤侵蚀模数受地形、土壤、植被、气候等因素制约,由南而北逐渐增加,在 182～24700 t/(km^2·a)。子午岭、六盘山等地侵蚀模数最低,在 1000 t/(km^2·a) 以下;渭北旱塬侵蚀模数在 1000～2500 t/(km^2·a),延安为 5000～7000 t/(km^2·a),榆林神木一带约为 20000 t/(km^2·a) 以上(唐克丽 等,1994)。黄土丘陵沟壑由于植被覆盖差、沟谷深、密度大,在暴雨的袭击下,产生大量的水土流失。如陕北绥德、米脂、佳县,到山西河曲、兴县等地,沟谷侵蚀模数在 20000～30000 t/(km^2·a),是水土流失最为严重的地区。河谷平原、黄土阶地以及土石山地,因地形平坦,水土流失较轻。

2.4　植被特征

黄土高原是中华文明发祥地,历史上曾经草木葱茏。早在西周时期,黄土高原森林分布广泛。此后,由于农业和战乱等的影响,森林和草原破坏严重。1949 年,全区林地只有 3.7 万 km^2,覆盖率只有 6.1%,主要分布在土石山区(程积民 等,2005)。黄土高原现有森林资源以天然次生林为主,主要分布在人烟稀少的石质山地,且分布不均匀。黄土高原主要有针叶林、阔叶林、草丛、灌丛、草原、草甸、荒漠、沼泽等。其中,森林覆盖率7.2%,以人工植被为主;残存的天然植被主要分布在中高山地,如六盘山、陇山、罗山、子午岭、黄龙山等地。

黄土高原自东南向西北,依次为森林植被区、森林草原植被区、草原植被区、荒漠植被区(刘广全,2005)。

森林植被区位于黄土高原南部晋中南、豫西、关中、天水一带,气候条件好,有大面积的天然林及次生林,包括阔叶林及针阔混交林,主要植物如辽东栎、小叶杨、山杨、青杨、白桦、云杉、华山松、油松、侧柏等。森林植被退化演替区分布有灌木和草本植物,如荆条、酸枣、黄蔷薇、白洋草、隐子草、油芒等,以及刺槐林、沙棘林等人工林(邹年根 等,1997)。

森林草原植被区,从兴县、绥德、庆阳、通渭、临夏一带以南,森林植被边缘,区域低山丘陵子午岭、黄龙山等分布有针阔混交林;天然次生林随高山海拔变化明显,1800 m及以上主要为华北落叶松、云杉;1600~1800 m(数字的阈值为左包含、右不包含,下同)主要分布有青杆、白桦;1200~1600 m则主要分布有辽东栎、椴、栎、油松;草本植物主要有白羊草、白草、铁杆蒿、艾蒿、柠条、长芒草(中国科学院植物研究所,1991)。

草原植被区,以长城沿线,向宁夏固原、甘肃环县和陇中盆地延伸。海拔在2200 m以上,阴坡有云杉、油松、辽东栎、白桦、山杨等;阳坡为草本植物和灌木,主要的草本植物有披碱草、委陵菜、碱蓬、铁杆蒿;另外,柽柳、碱蓬、芨芨草等耐盐碱植物也有分布。

荒漠植被区,位于黄土高原西北部,包括盐池、海源、中宁等县。地形平缓开阔,降水稀少。土壤以灰钙土为主,植被以耐旱、耐盐草本植物和灌木为主,主要种类为柽柳、沙柳、盐蓬、芨芨草、针茅、刺旋花、猫头刺、短花针茅等。其西端靠近青藏高原地区分布森林草甸和草甸草原,除少量森林外,多为禾本科杂草。

2.5 黄土高原面临的生态危机

黄土高原水土流失严重。从自然因素来看,黄土质疏松,抗蚀性差,地形复杂。东南季风和西北季风交锋的半湿润、半干旱地区,光热水土气生的特殊组合,使黄土高原对环境的变化极为敏感。夏季由于东南季风的影响,锋面气旋出现频繁,易形成强侵蚀性降雨,导致干旱与洪涝频发。此外,气候暖干化也是黄土高原面临的生态危机(Su et al.,2013)。社会因素方面,人类不合理的自然资源利用,往往导致生态系统退化。毁林开荒、广种薄收、过度放牧,未能使农民致富,反而加剧了水土流失、土壤肥力丧失。历史上,人类活动对黄土高原的生态影响大致经历了4个时期:西周时期,铁制工具的发明标志着黄土高原植被破坏的开始;秦汉时期,人类活动向平原地区漫延,黄土高原山间盆地森林资源开始遭受破坏;隋唐时期,森林破坏向偏远山区漫延;明清后期,黄土高原的破坏加剧,且不可恢复(刘广全,2005)。新中国成立初期,受粮食总量不足的影响,片面强调"以粮为纲",天然草场被大量开垦,土地质量下降;20 世纪 70 年代,过度放牧使草地大面积退化。

黄土高原生态环境历来是国家生态治理的关键。国家在黄土高原先后实施了退耕还林还草、小流域治理、防护林营造、产业结构调整等生态保护政策。特别是 1999 年国务院实施的退耕还林还草工程,提出了"退耕还林(草)、封山绿化、个体承包、以粮代赈"等生态治理方针。通过多种补偿措施,改善土地利用方式,黄土高原生态环境状况有所改善,水土流失得到遏制。黄土高原综合治理获得了一定成效,但整体情况仍不容乐观。社会经济发展不平衡、生态治理严峻性等制约着黄土高原可持续发展。

2.6　黄土高原生态系统服务研究情况

生态学家围绕黄土高原生态系统服务开展了一系列研究,早期研究主要是对黄土高原生态系统服务经济价值的评估,方法多参照 Costanza 等(1997)和谢高地等(2003)提出的生态系统服务当量。如张彩霞等(2008)对黄土高原 1938—2000 年坊沟流域土地利用变化导致的生态系统服务的价值变化进行了研究,结果表明:1938—1958 年该流域生态系统服务持续走低,1978 年实行黄土高原综合治理以后,生态系统服务才有所好转。高旺盛等(2003a,2003b)以安塞县为例,针对土壤保持、水源涵养、固碳释氧等生态系统服务,对市场价值法、替代工程法、影子价值法、机会成本法等经济学分析方法进行了比较和探讨。刘秀丽等(2013)采用物质量与价值量相结合的方法,以黄土高原土石山区为研究对象,分析不同类型生态系统服务,结果表明,土地利用与供给类服务和文化服务关联性较强,而与支持服务和调节服务关系不大。

生态系统服务评估是生态管理及生态政策制定的基础。随着 3S 技术(GIS(地理信息系统)、GPS(全球定位系统)、RS(遥感技术))和空间分析工具的发展以及生态模型的开发,大尺度生态系统服务评估与制图成为可能。Fu 等(1994)基于 USLE模型,对黄土高原土壤侵蚀进行了研究,结果表明,退耕还林显著降低了土壤侵蚀,45.5%区域的 $8°\sim35°$ 坡地是主要的泥沙源。Su 等(2012)对黄土高原延河流域土壤保持、碳固定、水源涵养等服务进行了研究,并对其驱动机制进行了分析。Lü 等(2012)采用遥感、多元统计评估了黄土高原退耕还林工程的生态效益,结果显示,退耕还林工程显著提升了固碳和土壤保持服务,但产水服务有所减少,呈现一定的权衡效应。此外,研究表明,黄土高原生态系统服务的权衡与协同关系具有很强的尺度效应;在黄土高原尺度下,固碳、土壤保持与粮食生产呈协同关系,但在延河流域尺度的研究表明,二者呈现权衡关系。

第3章 黄土高原生态系统服务时空变化

3.1 研究方法与数据来源

本章采用 InVEST 模型（生态系统服务和权衡综合评估模型）和 CASA 模型对黄土高原泥沙截留、产水服务、NPP 生产进行评估。时间选取 1975 年、1990 年、2000 年、2008 年 4 个年份，由于 Landsat MSS 数据不完整，NPP 生产只计算了 1990 年、2000 年、2008 年。

泥沙截留和产水服务采用 InVEST 模型，该模型由美国斯坦福大学、美国大自然保护协会（TNC）与世界自然基金会（WWF）联合开发，通过模拟不同土地覆被情景下生态系统服务变化，为决策者权衡人类活动的效益和影响提供科学依据（Tallis et al.，2011）。InVEST 模型的最大优势是评估结果可视化，解决了以往生态系统服务评估不够直观的问题。InVEST 模型包含多个模块，如固碳模块、产水模块、生物多样性模块、生境斑块模块，以及土壤保持、氮磷输出多个模块，其多功能、多模块的特点为政府部门、非营利社会机构和企业对多资源利用提供了一个有力的决策工具，对于土地资源管理、生物多样性保护、生态系统保护与经济发展之间的关系协调具有重要的作用。近年来，InVEST 模型在我国的应用越来越广，并在国家、区域、流域多个尺度开展生态功能区划、生态保护红线、生态补偿、生态保护与修复、碳中和等研究中得到应用。

3.1.1 泥沙截留

泥沙截留采用 InVEST 模型中的 USLE 模块，由两部分构成，分别是地块自身的沉积物截留量（常用上坡来沙量与泥沙截留率的乘积来表示）以及由于植被覆盖和水保措施减少的土壤侵蚀量（用潜在侵蚀量与实际侵蚀量的差异来表示）。输入数据包括土地利用、土壤质地、数字高程模型（坡长、坡度）、降雨等。

无管理措施和植被覆盖的土壤潜在侵蚀量（S_p）：

$$S_p = RKLS \tag{3-1}$$

管理措施下土壤实际侵蚀量（S_t）：

$$S_t = RKLSCP \tag{3-2}$$

泥沙截留量(S_c)：

$$S_c = S_p - S_t = RKLS(1 - CP) \tag{3-3}$$

式中：R 为降雨侵蚀力；K 为土壤抗侵蚀因子；L 和 S 分别为坡长和坡度因子；C 为植被覆盖因子；P 为土壤管理措施，如梯田等耕作措施。

（1）地形因子

USLE 模块中的坡长因子指坡面上水平距离的垂直距离变化量，也就是坡面水流从起点到出水口的水平方向上的距离。坡度因子是地形曲面函数在不同方向上的偏导数函数。坡长坡度乘积（LS）指泥沙从起点到终点的过程，反映的是特定条件下土壤流失量与标准地形（9% 的百分比坡度和 72.6 英尺[①]的坡长）土壤流失量的比值：

$$LS = \left(\frac{f_{acc} \times c_{size}}{22.13}\right)^m \left(\frac{\sin(s_{degree} \times 0.01745)}{0.09}\right)^{1.4} \times 1.6 \tag{3-4}$$

$$m = \begin{cases} 0.5, & s_{degree} \geqslant 5\% \\ 0.4, & 3.5\% \leqslant s_{degree} < 5\% \\ 0.3, & 1\% \leqslant s_{degree} < 3.5\% \\ 0.2, & s_{degree} < 1\% \end{cases} \tag{3-5}$$

式中：f_{acc} 指栅格的累积汇流量，c_{size} 指栅格面积，s_{degree} 指度数表征的坡度，m 指坡长指数。

对于坡度大于（或等于）25° 的陡坡：

$$LS = 0.08\lambda^{0.35} s_{pec}^{0.6} \tag{3-6}$$

$$\lambda = \begin{cases} c_{size}, & f_{dir} = 1,4,16,64 \\ 1.4 \times c_{size}, & f_{dir} \neq 1,4,16,64 \end{cases} \tag{3-7}$$

式中：s_{pec} 指百分比坡度，f_{dir} 指水流方向，λ 指坡长的水平投影长度。

（2）降雨因子

该因子表示降雨的侵蚀性。雨强与雨量有一定的相关性，且有很强的区域差异。$R = aP$，这里 a 为降雨系数，一般情况下其值为 0.5，海滨地区 a 取值 0.6，热带山区其值为 0.2 或 0.3，地中海地区约为 0.1；P 为雨量。Wischmeier 等（1978）认为，次降雨动能（E）与 30 min 最大雨强（I_{30}）的乘积可以很好地表征降雨侵蚀力。InVEST 模型将 Wischmeier 等的方法改进为：$R = (210 + 89\log_{10} I_{30}) \times E_{30}$。

由于长时间序列的降雨数据难以获取，研究人员有时用气象站降雨资料（如月或年雨量）设定幂函数来表征降雨侵蚀力。时间周期越短，降雨侵蚀力估算就越准确。日雨量比月或年雨量对降雨侵蚀力的估算更准确，如 Richardson 等（1983）建立

---

① 1 英尺 ≈ 0.305 m，下同。

15

了以日雨量为基础的幂函数模型,但该模型由于区域差异大而应用受限。由于日雨量与次降雨无法一一对应,这里采用章文波等(2002)提出的半月降雨侵蚀力模型:

$$M_i = \alpha \sum_{j=1}^{k} (D_j)^{\beta} \tag{3-8}$$

$$\beta = 0.8363 + \frac{18.144}{P_{(d12)}} + \frac{24.455}{P_{(y12)}} \tag{3-9}$$

$$\alpha = 21.586\beta^{-7.1891} \tag{3-10}$$

式中:M_i 表示某个半月降雨侵蚀力值;α、β 是描述降雨特征的特定参数,通过每日雨量来估算;k 表示半月降雨天数;D_j 表示某天的日雨量,日雨量低于 12 mm 时,以 0 代替;$P_{(d12)}$ 表示日雨量高于(或等于)12 mm 的日平均雨量;$P_{(y12)}$ 表示日雨量高于(或等于)12 mm 的年平均雨量。

(3)土壤抗侵蚀力因子

土壤抗侵蚀因子又称土壤抗蚀力,是水土保持监测中的重要参数,它描述的是土壤抵抗侵蚀营力(风、雨滴、径流)破坏、搬运、分散、悬移的能力;其中,抗雨滴溅蚀能力可用单位面积溅蚀量描述,抗径流分散能力可用单位土体的崩解速率表示。土壤抗蚀性与土壤类型、剖面、有机质、渗透性息息相关。InVEST 模型提供了美国农业部两个数据库,分别是土壤调查地理数据库(SSURGO)和国家土壤地理数据库(STATSGO),在美国自然资源保护局(NRCS)数据基础上,开发出了土壤数据显示器模块。Wischmeirer 等(1971)根据推算公式计算出土壤侵蚀诺谟图:

$$K = 27.66m^{1.14} \times 10^{-8} \times (12-a) + (0.0043(b-2)) + (0.0033(c-3)) \tag{3-11}$$

式中:K 为土壤抗侵蚀因子,m 是土壤各粒径成分百分比加权,a 指有机质含量百分率,b 指 4 个土壤代码级别,c 指 6 个土壤剖面入渗级别。

土壤诺谟图对土壤结构和渗透数据要求较高。由于我国的土壤基础数据难以满足,本研究采用改良简化的土壤侵蚀和生产力影响估算模型(EPIC 模型)对土壤抗侵蚀性进行估算(Williams et al. ,1997),该模型只需要土壤有机碳和土壤颗粒数据:

$$K = \left\{ 0.2 + 0.3e^{\left[0.0256L_{sand}\left(1-\frac{L_{silt}}{100}\right)\right]} \right\} \left(\frac{L_{silt}}{L_{clay}+L_{silt}} \right)^{0.3}$$

$$\left[1.0 - \frac{0.25C}{C + e^{(3.72-2.95C)}} \right] \left[1.0 - \frac{0.7S_{N1}}{e^{(-5.51+22.9S_{N1})}} \right] \tag{3-12}$$

式中:L_{sand}、L_{clay}、L_{silt}、C 分别代表砂粒、黏粒、粉粒、有机质的含量(%),$S_{N1} = 1 - L_{sand}/100$。

(4)作物措施与耕作措施

作物措施也称地表覆盖因子,指作物间作套种等措施对土壤侵蚀的影响。而耕作措施指不同耕作方式(等高、带状、反坡梯田)等措施对土壤侵蚀的影响。InVEST 模型根据惯例,将不同耕作与管理措施和土地利用结合起来估算植被覆盖和作物管理因子(C 值)和水土保持措施因子(P 值)。Fu 等(2005)早期在黄土高原延河流域的研究研判了不同作物及植被覆盖下的 C 值和 P 值,本研究结合以上成果对 In-VEST 模型中的 C 值和 P 值进行校准。

3.1.2 产水服务

InVEST 模型中产水模块是基于 Budyko 水热耦合平衡原理(图 3-1),结合不同土地利用类型的土壤渗透性、蒸散性等对径流的影响而构建的,并以栅格为单元进行估算,其公式如下:

$$Y_{xj} = \left(1 - \frac{A_{xj}}{P_x}\right)P_x \tag{3-13}$$

式中:Y_{xj} 指基于栅格的产水量,A_{xj} 指实际蒸散发,P 指年实际雨量,x 表示不同土地利用类型,j 表示栅格的序列。

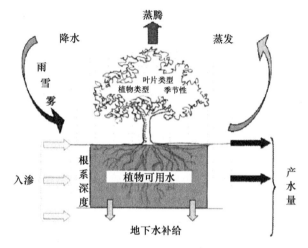

图 3-1 水量平衡法示意图

(1)蒸散发量

蒸散发量$\left(\dfrac{A_{xj}}{P_x}\right)$基于 Zhang 等(2001)提出的 Budyko 参数来估测:

$$\frac{A_{xj}}{P_x} = \frac{1 + \omega_x R_{xj}}{1 + \omega_x R_{xj} + \dfrac{1}{R_{xj}}} \tag{3-14}$$

$$\omega_x = Z\frac{P_{\mathrm{acwx}}}{P_x} \tag{3-15}$$

$$R_{xj} = \frac{K_{xj} \times E_{ox}}{P_x} \tag{3-16}$$

式中:R_{xj} 是 Budyko 无量纲干旱指数,即潜在蒸散发占雨量的比例(Hamon,1961)。ω 是表征土壤性质的无量纲指数,指可利用水分占年降雨比例。P_{awcx} 是土壤中植物可利用水量,受土体厚度、质地、植物根深的影响,其实质是土壤田间持水量和植物萎蔫点之间的差值。Z 是可调参数,与季节有关,反映雨量随季节变化情况。$E_{\alpha x}$ 指潜在蒸散发,K_{xj} 指某栅格处的植物蒸散系数。

InVEST 模型采用 Hargreaves 和 Hamon 公式计算潜在蒸散发;由于误差大,本研究采用 Penman-Monteith 方程代替,其公式如下(高歌 等,2006):

$$E_{T0} = \frac{0.408\Delta(R_n - G) + \gamma \frac{900}{T+273} U_2(e_s - e_a)}{\Delta + \gamma(1 + 0.34U_2)} \tag{3-17}$$

式中:E_{T0} 指潜在蒸散发,R_n 是地表净辐射,G 指土壤热通量,T 指 2 m 高日均温,U_2 是 2 m 高风速,e_s 指饱和水气压,$e_s - e_a$ 指饱和水汽压亏缺,Δ 指水汽压变化斜率,γ 指干湿表常数。其他参数包括相对湿度、最高温度和最低温度、日照、风速等。

(2)植物可利用土壤含水量

植物可利用土壤含水量亦称土壤有效持水量,指一定深度内土壤潜在的可贮藏的植物可利用水量;其值越高,土壤排水性和对植物的供水能力越强(Tallis et al.,2011)。Saxton 等(1986)参照 Brooks 等(1964)及 Rawls 等(1982)的研究,建立了土壤水势与土壤含水量统计估算模型:

$$\psi = A\Theta^B \tag{3-18}$$

$$A = e^{[-4.396 - 0.0715(L_{clay}/100) - 4.880 \times 10^4 (L_{sand}/100)^2 - 4.285 \times 10^{-5}(L_{sand}/100)^2(L_{clay}/100)]} \times 100.0 \tag{3-19}$$

$$B = -3.140 - 0.00222(L_{clay}/100)^2 - 3.484 \times 10^{-5}(L_{sand}/100)^2(L_{clay}/100) \tag{3-20}$$

式中:ψ 指土壤水势(kPa),Θ 指土壤含水量(m³/m³),A 和 B 分别指由土壤质地决定的土壤水势和含水量幂律函数的系数和指数。通过输入土壤中砂粒和黏粒含量百分率的参数,将土壤水势 ψ 分别代入 33 kPa 和 1500 kPa,可以估算土壤田间持水量(FC)和永久萎蔫点(PWP),进而计算得到植物可利用水分含量(PAWC)。其他参数包括土地利用类型、根深(从不同植被类型归纳提取)、土壤深度、高程等。

3.1.3 NPP 生产

CASA 模型是常用的 NPP 生产评价方法,其基本思路是,植物最优光合作用存在一个极限,在辐射量不受限制的情况下,温度、水分等对植物的光能吸收效率有所制约;赋予相应制约系数,从而得到植物的实际光能利用率(Potter et al.,1993)。该模型需要较多的气象参数,包括均温、蒸散量、日照以及植被类型数据和地理经纬度等信息。CASA 模型中融合了 Penman-Monteith 光合有效辐射模型、Field 光利用率模型等,公式如下:

$$B_{act}^{tot} = \varepsilon(A_{PAR}(t)t) \tag{3-21}$$

式中: B_{act}^{tot} 是指一定时间内干物质累积量, ε 是光能利用率, t 是光能累积周期, A_{PAR} 是植物吸收的光合有效辐射。

A_{PAR}、ε 是模型的核心参数, A_{PAR} 是指太阳辐射和植被对入射有效辐射吸收比率的乘积,是植物光合作用主要动力(朱文泉 等,2005),其公式如下:

$$A_{PAR(x,t)} = S_{OL(x,t)} \times F_{PAR(x,t)} \times 0.5 \tag{3-22}$$

式中: $S_{OL(x,t)}$ 为太阳总辐射; $F_{PAR(x,t)}$ 为植物对入射的光合有效辐射的吸收比率,通过归一化植被指数(NDVI)和简单比值植被指数(SRI)进行换算(Kumar et al. , 1982;Sellers,1985;Los et al. ,1994)。

光能利用率指光合作用生成的干物质所含能量占辐射到该植物的太阳有效辐射的百分率。光能利用率受气温、土壤水分等环境因子影响,同时也受植被类型影响,其公式如下:

$$\varepsilon = \varepsilon' T_1 T_2 W \tag{3-23}$$

式中: ε' 是最优环境条件下干物质最大转化量;实际的光能利用率 ε 是一个变化量,且低于 ε',可通过对水分胁迫和空气温度的制约作用由数学公式计算得出; T_1 主要指低温对植物生长的抑制作用; T_2 表示温度偏离最佳时抑制的光利用率; W 是水分胁迫参数。

蒸发比可以有效地表示水分的胁迫作用,它刻画了净辐射向潜热转化的那一部分,且随土壤湿度变化显著。这里基于区域蒸散发遥感估算模型(ETWatch 模型),结合多时间序列蒸散发数据,获得实际蒸散发和潜在蒸散发,通过公式计算得出水分胁迫参数($W_{(t)}$)(吴炳方 等,2011)。由于不同季节、不同植物的最适宜温度难以获得,尤其是不同农作物的最适温度差别巨大,温度的制约作用难以计算,因此不同土地的利用,尤其是农用地的作物类型必须确定。

$$T_1 = 0.8 + 0.02 T_{opt} - 0.0005 T_{opt}^2 \tag{3-24}$$

$$T_2 = \frac{1}{1 + \exp(0.2 T_{opt} - 10 - T_{mon})} \times \frac{1}{1 + \exp[0.3(-T_{opt} - 10 + T_{mon})]} \tag{3-25}$$

式中: T_{opt} 为植被覆盖率或 NDVI 最高的月份平均温度, T_{mon} 为当月实际平均温度, T_1 主要指低温对植物生长的抑制作用, T_2 表示温度偏离最佳时抑制的光利用率。

类似于蒸散模型问题,CASA 模型也需要时间序列。通过对卫星过境当天时间序列谐波分析法(HANTS 方法)平滑移动获取 NDVI 时间序列。水分抑制因素用时间重建并经 Penman-Monteith 模型对逐日蒸散发反演并插值。

由于 1975 年的 Landsat 遥感影像难以获取,该年 NPP 生产未计算。

3.1.4　数据来源

所需数据包括土地利用/植被图、数字高程模型(DEM)、土壤类型与土壤深度、气象数据等,来源如表 3-1 所示。

表 3-1 生态系统服务所需数据及来源

项目	泥沙截留量						产水量			NPP 生产		数据来源
	L	S	R	K	C	P	ET_0	PAWC	其他	ε	APAR	
土地利用/植被图					√		√		√	√		Landsat MSS (1975 年)、Landsat TM(1990 年和 2000 年)、Cbers (2008 年)
DEM	√	√			√		√					1:50000 地形图
土壤质地				√			√					中国科学院南京土壤研究所
土壤厚度							√					
相对湿度							√			√		
降雨			√				√			√		
最高/最低温度							√			√		
日照时数							√			√	√	气象部门
气压							√			√		
风速							√			√		
太阳辐射											√	
行政区划图						√			√	√		民政部门

3.2 结　　果

3.2.1 土壤保持

土壤保持量用泥沙输出减少量来表征,黄土高原 4 a 泥沙输出量均呈现西北低、东南高的格局。1975—2008 年,总体上黄土高原泥沙输出呈降低趋势,表明土壤保持服务有所增强(图 3-2)。中间时段呈现出一定的变化,分别呈现缓慢增加、缓慢减少、剧烈减少的时间趋势。1975 年以来,黄土高原泥沙输出量略增加,从最初的 7.31 t/hm² 增加到 1990 年的 7.49 t/hm²。1990 年以后,泥沙输出量有所减少,一直降到 2000 年的 5.78 t/hm²。2008 年,泥沙输出量更是降到了 4.16 t/hm²。空间上,占黄土高原面积 63.2% 的南部区域泥沙输出减少,而东北部和西北部区域泥沙输出加剧。从时空两个角度综合来看,泥沙输出有空间均值化态势,即空间差异随时间减弱(图 3-2)。

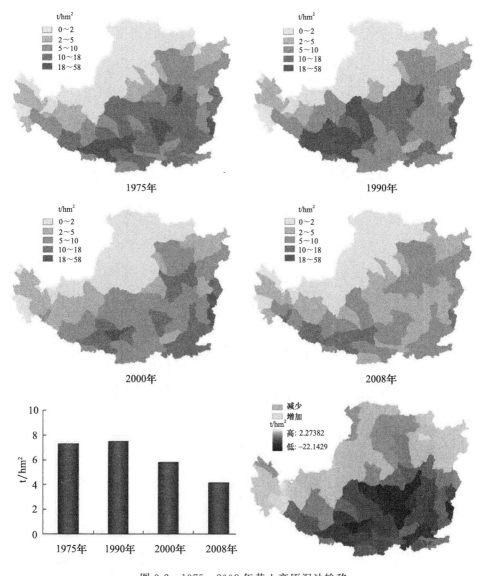

图 3-2　1975—2008 年黄土高原泥沙输移

3.2.2　产水量

与土壤保持类似,黄土高原产水量也呈现出相似的西北低、东南高的空间格局
(图 3-3)。总体上,产水量呈现下降趋势,从 1975 年的 1738.8 t/hm² 下降到 1990 年的
1691.9 t/hm²,2000 年更是进一步降到了 1090.9 t/hm²;2008 年为 1218.4 t/hm²,略
有上升。产水量增加的地区主要分布在黄土高原北部约 41% 的区域,剩余 59% 的区
域产水量下降,主要分布在黄土高原南部(图 3-3)。随着时间的变化,产水量的空间

差异也有减小的趋势,即呈现出均值化格局。

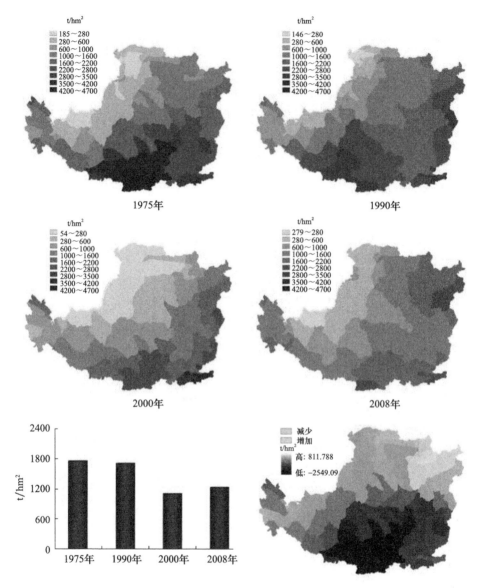

图 3-3　1975—2008 年黄土高原产水服务

3.2.3　碳固定

碳固定结果以栅格为单元显示,总体上,1990—2008 年固碳均呈现西北低、东南高的空间格局(图 3-4)。1990 年和 2000 年,固碳服务空间变化剧烈,西北—东南缺乏过渡;2008 年,固碳服务空间格局相对缓和。从时间变化来看,固碳服务均值在

1990 年和 2000 年基本恒定，保持在 7 t/hm² 左右；2008 年增加至 8.72 t/hm²。从 1990—2008 年来看，固碳服务增加的区域呈连续状态，占整个黄土高原面积的 76.7%，而减少的区域面积占 23.3%，零星分布于黄土高原各个区域（图 3-4）。

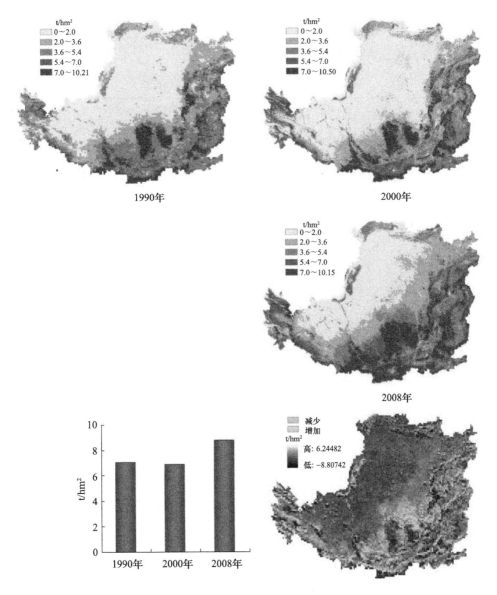

图 3-4　1990—2008 年黄土高原碳固定服务

3.2.4　生态系统服务权衡与协同关系分析

使用 SPSS 软件，对不同生态系统服务及其随时间的差值进行皮尔逊相关性分析。结果显示,泥沙输出与产水量在现状值和时间变化量方面均呈正相关。NPP生产与泥沙输出量和产水量现状值呈正相关,但时间变化量则呈负相关(表3-2)。

与生态系统服务现状值相比,年间变化量可以消除生态状况本底的差异,反映的研究结果更客观。泥沙输出是与土壤保持相反的量,所以,最终结果显示产水量与土壤保持服务呈现此消彼长的权衡关系,而固碳服务与土壤保持则表现为协同关系,固碳服务与产水服务也表现为权衡关系(表3-2)。

表3-2 黄土高原不同生态系统服务相关性

		产水服务				
项目		1975年	1990年	2000年	2008年	2008年与1975年差值
泥沙输出	1975年	0.735**	—	—	—	—*
	1990年	—	0.726**	—	—	—
	2000年	—	—	0.659**	—	—
	2008年	—	—	—	0.530**	—
	2008年与1975年差值	—	—	—	—	0.776**

		NPP生产				
项目		—	1990年	2000年	2008年	2008年与1990年差值
泥沙输出	1975年	—	—	—	—	—
	1990年	—	0.525**	—	—	—
	2000年	—	—	0.552**	—	—
	2008年	—	—	—	0.646**	—
	2008年与1990年差值	—	—	—	—	−0.422**

		NPP生产				
项目		—	1990年	2000年	2008年	2008年与1990年差值
产水服务	1975年	—	—	—	—	—
	1990年	—	0.742**	—	—	—
	2000年	—	—	0.811**	—	—
	2008年	—	—	—	0.668**	—
	2008年与1990年差值	—	—	—	—	−0.240*

注:**表示相关性在0.01水平上显著(双尾),*表示相关性在0.05水平上显著(双尾),下同。

3.3　讨　　论

3.3.1　黄土高原生态系统服务驱动因素

　　生态系统服务的发生及演变是由多种因素驱动的复杂过程,这些驱动因素包括了自然、社会、经济、人为扰动等多个方面。其中,土地利用和植被覆盖变化通过改变生态系统结构和过程,进而影响生态系统服务;气候变化以及二氧化碳浓度的变化等因素都对生态系统服务的变化施加影响。MA(2005)将生态系统服务的驱动因素归纳分为自然因素和人文因素两大类。自然因素多为直接因素,对生态系统服务的产生、变迁施加直接影响;而人文因素,包括政策因素等,则是通过改变生态系统结构,对生态系统服务施加间接影响(图 3-5)。随着时空尺度的加大,全球变化等因素的驱动效应逐渐显现出来。

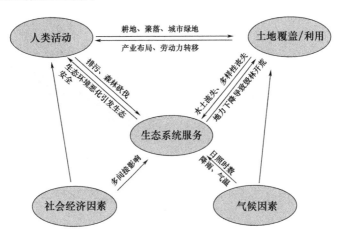

图 3-5　生态系统服务驱动机制示意图

3.3.1.1　气候因素

　　降雨和温度是对土壤保持、水文过程、固碳等生态系统服务影响最大的因素。全球变化影响着全球的生态系统,对于我国这样生态环境区域差异显著的国家尤其明显。在全球变化背景下,黄土高原地区也呈现出变暖的趋势,过去 40 a 的气温每年平均升高 0.0514 ℃(图 3-6)。在升温的同时,黄土高原气候也变得越来越干燥;过去 40 a,雨量以每年 1.287 mm 的速度减少(图 3-6)。采用 SPSS 软件皮尔逊相关性分析的方法,分析降雨、气温与生态系统服务的关系,结果显示,雨量降低与产水服务和土壤保持有显著的相关性($r^2 = 0.980**$ 和 $r^2 = 0.791**$)。相关研究也显示出类似的结果,即降雨是泥沙调控和产水服务的最关键因素(McFarlane et al.,

2012；Fang et al.，2011)。温度变化与 NPP 生产呈弱正相关($r^2=0.253^*$)。相关研究也表明,升温有助于分解吸收有机养分,增强营养物质供给,促进光合作用和碳固定。升温与产水量呈一定的负相关关系($r^2=-0.350^{**}$),这与 Tang 等(2012)利用可变渗透能力模型(VIC 水文模型)模拟河川径流的结果类似,即升温通过降低河川径流量,进而减少了产水量。

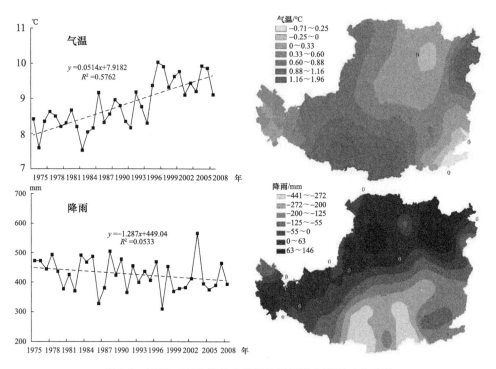

图 3-6   1975—2008 年黄土高原地区气温和降雨时空格局

3.3.1.2　土地利用/覆盖变化

土地利用与土地覆盖相互联系,又有一定的区别。前者反映的是人类对土地自然属性的利用方式和利用状况,是人类生产生活以及建设等引起的土地利用类型的变化,包含了人类利用土地的目的和意图,是人类对土地进行的经营管理和改造活动,包含了自然、经济、社会复合作用,以社会属性为主。而后者是随遥感技术发展而出现的一个新的概念,反映的是地表覆盖的类型,包括森林、草地、耕地、水域、城市等,是自然营造体和人类建造的地表要素的综合反映,体现的是地表的自然状况。总体来说,土地利用是土地覆盖发生变化的主要原因。随着经济和人口的增长,城市化进程加速,造成了土地利用的剧烈变化。经济发展导致大量土地用于建设工业、物流等基础设施,同时使得农用地减少。此外,退耕还林工程的实施也使得土地利用发生根本转变,大量耕地转化为林地和草地。土地利用覆盖类型对生态系统的维持和功能有着显著影响,如森林能固定大量的二氧化碳,改善水质。20 世纪 70 年代以来,我国实施了"三北"(东北、华北、西北)防护林工程、天然林保护、退耕还林还草、水土保持流域综合治理、防沙治沙等生态保护工程;具体措施包括坡改梯、坡耕地还林还草、封山禁牧、水库与基本农田建设、土地资源优化等。工程实施以来,黄土高原土地利用/覆盖发生了显著改变。1975—2008 年,林地增加了 4700 km^2,草地增加了 19000 km^2;与此同时,耕地减少了 25200 km^2(图 3-7 和图 3-8)。利用皮尔逊相关性分析,对土地利用/覆盖变化和生态系统服务变化进行分析,结果表明,耕地向林草地的转换与土壤保持($r^2 = 0.313^{**}$)和碳固定服务($r^2 = 0.488^{**}$)具有空间匹配性;类似的研究也表明,黄土高原地区土地利用变化,尤其是农用地向林草地的转换可以增强水土流失控制能力(Zheng,2006;Feng et al.,2010;Deng et al.,2012)。相关性分析也表明,退耕还林(草)地区与土壤保持和碳固定服务呈正相关($r^2 = 0.313^{**}$ 和 $r^2 = 0.488^{**}$)。

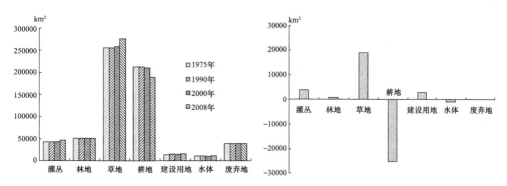

图 3-7　1975—2008 年黄土高原地区土地利用变化情况

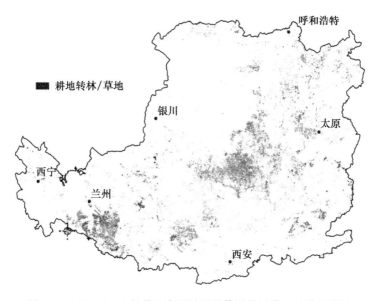

图 3-8　1975—2008 年黄土高原地区退耕还林还草土地转移情况

3.3.2　黄土高原生态系统服务权衡与协同关系

不同生态系统服务存在着复杂的关系,主要体现在此消彼长的权衡关系与同增同减的协同关系。Bennett 等(2009)认为,生态系统服务之间的相互关系,可能是生态系统服务本身基于紧密关联的生态过程,也可能是二者有共同的驱动因素所导致的。在黄土高原研究中,产水量和土壤保持服务二者显著相关,可能是因为二者在水文过程的重合,同时,共同受降雨以及土地覆盖的影响。研究表明,以固碳为主要目标的植树造林,也有助于土壤深层水分入渗,并相应地减弱地表径流。情景模拟显示,光合作用能缓解全球变暖,反过来,对碳固定服务会产生负效应。

虽然黄土高原的固碳服务当年值与泥沙输出和产水量呈正相关,但也有其不确定性,如黄土高原面积 64 万 km^2,不同区域的气象条件千差万别,降雨从 200 mm 的西北部地区到 750 mm 的东南部地区呈递增分布。不同年份相减可剔除降雨本底值差异,反映的相关性更能体现真实情况。生态系统服务年间变化量相关性显示,碳固定服务与产水服务存在着权衡关系,而碳固定与土壤保持存在着一定的协同关系。

3.3.3　InVEST 模型评估生态系统服务优缺点

InVEST 模型最大的优点是评估结果的可视化,且实现了多重生态系统服务的评估。但由于其包含的生态系统服务类型较多,导致其与过程模型相比,每个生态系统服务评估的生态学机理较为粗略。另外,在 InVEST 模型中,每个栅格单元的泥沙截留不仅包括自身产生的沉积,还包括沿径流上游的沉积物,而一般的 USLE 模型对这部分不作计算。InVEST 模型利用叠加的方式,沿径流各个栅格的沉积物与下游栅格截留量进行叠加,此外,还对栅格到河道的总沉积量进行相加,由此可能带来重复计算,导致结果偏高。具体叠加过程见表 3-3。

表 3-3　InVEST 模型中泥沙沿水流的叠加

栅格	植被泥沙截持能力	USLE	栅格的泥沙截持量	河流出口泥沙输移量
1	E_1	U_1	0	U_1
2	E_2	U_2	$U_1 \times E_2$	$U_1 \times G_2 + U_2$
3	E_3	U_3	$((U_1 \times G_2 + U_2)) \times G_3$	$(U_1 \times G_2 + U_2) \times G_3 + U_3$
4	E_4	U_4	$U_1 \times G_2 \times G_3 \times E_4 + U_2 \times G_3 \times E_4 + U_3 \times E_4$	$U_1 \times G_2 \times G_3 \times G_4 + U_2 \times G_3 \times G_4 + U_3 \times G_4 + U_4$

第4章 生态系统服务驱动机制及尺度效应

由于依托不同地理空间的生态过程,生态系统服务具有明显的尺度效应,其体现在只有特定尺度下某些生态过程才能表现出主导功能和效果。随尺度变化,生态系统服务的表达也发生变化。此外,由于生态系统服务由诸多因素驱动,随着尺度变化,驱动因素也可能发生相应变化。本章以黄土高原地区及中部的延河流域为例,针对2000—2008年退耕还林(草)实施以来土壤保持、水源涵养、碳固定3种服务进行评估,对其空间格局随时间尺度的变化进行分析。采用统计学方法,对不同尺度下的驱动机制进行分析。这些有助于为不同尺度下生态管理提供科学建议。

4.1 区域介绍

延河发源于陕西省榆林市靖边县周山,流经榆林、延安2个市4个县(市、区),在延安市延长县雷赤镇南河沟入黄河。延河是黄河的一级支流,属于黄河中游,位于黄土高原腹地(王钰 等,2017)。延河干流全长286.9 km(图4-1),干流穿过延安市安塞区、宝塔区、延长县城及12个乡镇,延安境内河长248.5 km。延河的一级支流主要有坪桥川、杏子河、西川河、蟠龙川、南川河等。延河流域(36°21′—37°19′N,

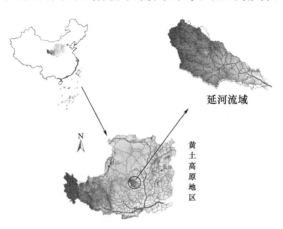

图 4-1 黄土高原及延河流域示意图

108°38′—110°29′E)面积 7725 km², 涵盖了安塞、宝塔、志丹、延长 4 个县(市、区)35 个乡镇(何佳瑛 等, 2023); 延河流域地势呈西北高、东南低,海拔 495~1795 m。延河流域地形复杂, 90% 以上为沟壑区, 属黄土丘陵沟壑区, 北部以黄土梁峁及沟壑为主, 植被情况相对较差, 水土流失较为严重; 南部以沟壑为主, 植被情况较好(谢红霞 等, 2010)。延河流域属于典型的暖温带季风气候, 年平均气温 8.8~10.2 ℃; 四季分明, 年雨量 500 mm 左右, 雨季集中在 6—9 月, 占全年雨量的 60%; 水资源缺乏、分配不均的现象比较严重。

由于覆盖深厚的黄土层, 延河流域雨量少而集中, 地形复杂, 历史上是水土流失最为严重的地区。经过多年水土流失综合治理, 生态环境得到了很大的改善, 遏制了水土流失, 但是由于生态基底弱, 生态环境保护与治理仍任重而道远。

4.2　生态系统服务评估及驱动因素识别方法

土壤保持服务采用修订的土壤流失方程(RUSLE), 水源涵养服务采用综合蓄水法, 碳固定采用 CASA 模型。生态系统服务驱动因素大致分人文和自然两大类, 这里选择耕地面积、粮食单产、人口、农业与非农业产值等人文因素, 以及雨量、均温、日照等自然因素作为备选驱动因素。人文因素数据主要从统计部门获得, 气象数据从气象部门获取; 采用 ArcGIS 软件对数据进行空间插值, 并采用 ArcGIS 软件中的分区统计模块分配到各个行政单元; 黄土高原以县为统计单元, 而延河流域以乡镇为统计单元。生态系统服务驱动因素采用典型相关分析法(CCA)。

4.3　结　　果

4.3.1　生态系统服务时空格局及尺度效应

随尺度变化, 生态系统服务呈现出不同的格局。在黄土高原地区, 泥沙调控、水源涵养、NPP 生产 3 种生态系统服务均呈现西北低、东南高的格局(图 4-2)。黄土高原土壤保持服务随时间推移有所提升, 表现为沉积物输出从 5.78 t/hm²(2000 年)减少至 4.16 t/hm²(2000 年)。产水服务与土壤保持服务类似, 也表现为西北低、东南高的态势, 退耕还林后, 产水服务从 1090.92 t/hm²(2000 年)增加到 1218.44 t/hm²(2008 年)。黄土高原南部产水服务有所增强, 而北部则表现为减弱。固碳服务也表现为西北低、东南高; 与 2000 年空间变异剧烈相比, 2008 年固碳服务变化相对缓和。退耕还林后, 整个黄土高原固碳服务呈现增加趋势, 平均值从 3.077 t/hm²(2000 年)增加至 3.920 t/hm²(2008 年)。

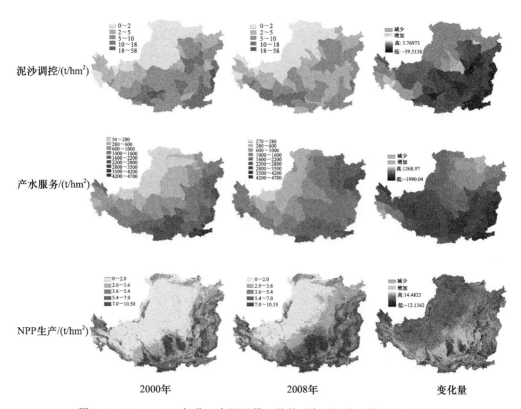

图 4-2　2000—2008 年黄土高原退耕还林前后各项生态系统服务变化情况

与黄土高原相比,延河流域尺度下不同生态系统服务空间格局较为复杂,年际变化多样(图 4-3)。土壤保持由 2000 年的南高北低向 2008 年的西高东低格局转换。退耕还林期间,土壤保持服务由 78.96 t/hm²(2000 年)增加至 113.55 t/hm²(2008 年)。空间上,延河流域除东南部很小范围外,全域土壤保持服务均呈增加趋势;总体上,西北部增加量比东南部增加量高。水源涵养在 2000 年由西北向东南递增,2008 年延河流域东北部水源涵养明显增强;总体上,水源涵养在退耕还林期间有所增强,由 397.52 t/hm²(2000 年)增加至 651.37 t/hm²(2008 年),增加量从延河流域东北部向四周扩散减弱。固碳服务在 2000 年呈现西北与东南低、西南高的格局,2008 年则呈现北低南高的格局;固碳平均值从 4.94 t/hm²(2000 年)增加到 11.06 t/hm²(2008 年),且增长量从西北到东南递增。

4.3.2　生态系统服务权衡与协同关系的尺度效应

采用 SPSS 软件皮尔逊相关分析法对不同生态系统服务之间关系进行分析表明,黄土高原地区泥沙输出与产水量呈正相关,碳固定与二者相关性不强(表 4-1)。而在延河流域尺度下,泥沙截留与水源涵养呈正相关,与 NPP 生产呈负相关

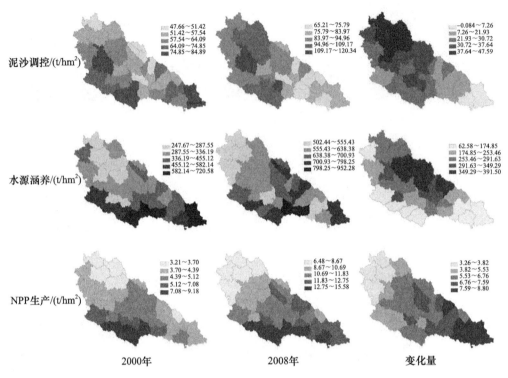

图 4-3   2000—2008 年延河流域退耕还林前后各项生态系统服务变化情况

（表 4-2）。泥沙输出与产水量、泥沙截留与水源涵养之间高度相关，可能是由于生态过程重叠所导致的。延河流域泥沙截留与固碳呈高度负相关，其原因是植被类型在不同生态系统服务中起的作用不同，NPP 生产增长主要与乔木有关，灌木和林草地则可能与泥沙截留关系更为密切。

表 4-1   2000—2008 年黄土高原退耕还林前后生态系统服务相关性

项目		泥沙输移	产水量	NPP 生产
泥沙输移	皮尔逊相关性	1	0.613**	−0.117
	显著性（双尾）	—	0.000	0.258
	样本量	96	96	96
产水量	皮尔逊相关性	0.613**	1	−0.029
	显著性（双尾）	0.000	—	0.776
	样本量	96	96	96

项目		泥沙输移	产水量	NPP 生产
NPP 生产	皮尔逊相关性	−0.117	−0.029	1
	显著性（双尾）	0.258	0.776	—
	样本量	96	96	96

表 4-2　2000—2008 年延河流域退耕还林前后生态系统服务相关性

项目		泥沙截留	水源涵养	NPP 生产
泥沙截留	皮尔逊相关性	1	0.520**	−0.595**
	显著性（双尾）	—	0.001	0.000
	样本量	35	35	35
水源涵养	皮尔逊相关性	0.520**	1	−0.004
	显著性（双尾）	0.001	—	0.981
	样本量	35	35	35
NPP 生产	皮尔逊相关性	−0.595**	−0.004	1
	显著性（双尾）	0.000	0.981	—
	样本量	35	35	35

4.3.3　生态系统服务的影响因素及尺度效应

典型相关分析中载荷相当于解释率，反映某些自变量对因变量的解释情况。典型相关分析表明，对黄土高原地区来说，2000 年，影响产水服务的主要因素为年平均雨量（载荷 0.975），影响固碳服务的主要因素为坡度（0.715）、非农业产值（−0.542）、人口密度（−0.503），影响土壤保持服务（以泥沙调控表征）的主要因素为粮食单产（−0.828）和农业产值（−0.699）；2008 年与 2000 年类似，影响产水服务的主要因素为年平均雨量（−0.966），影响碳固定服务的主要因素为坡度（0.685）、人口密度（−0.472）、非农业产值（−0.404）、年平均温度（0.381），影响土壤保持服务的主要因素为粮食单产（0.777）和坡度（−0.599）。以时间变化量为变量进行的典型相关分析也显示，影响产水服务的主要因素为年平均雨量（0.996），影响碳固定的主要因素为年平均温度（−0.916），影响土壤保持服务的主要因素为农业产值（0.709）（图 4-4）。

典型相关分析表明，在延河流域尺度下，2000 年，影响产水服务的主要因素为年平均雨量（0.814），影响碳固定服务的主要因素为日照长度（0.763），影响土壤保持

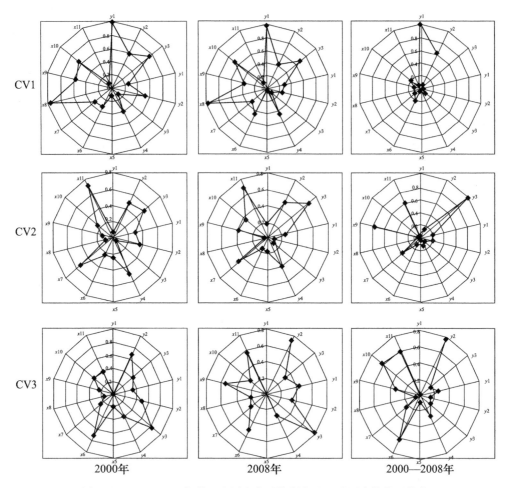

图 4-4　2000—2008 年黄土高原生态系统服务及驱动因素的典型载荷

（CV1、CV2、CV3 为三个典型变量）

服务的因素分析结果不显著；2008 年，影响碳固定服务的主要因素为年平均雨量（−0.827）、年平均温度（−0.848），影响土壤保持与水源涵养服务的因素不显著；年际变化的典型相关分析表明，土壤保持服务受年平均雨量影响最大（−0.970）（图 4-5）。

　　总体上，小尺度下生态系统服务以自然因素驱动为主，如延河流域下驱动土壤保持服务的主要是降雨因子，而固碳服务则主要受降雨和温度等气象因子驱动。大尺度下生态系统服务的驱动因素更显复杂，不仅是自然因素（如降雨）对产水服务、土壤保持和碳固定等生态系统服务具有重要驱动作用，社会经济因素（如人口、农业和非农业产值、粮食生产等）的驱动作用也突显出来。与农业相关各项政策的实施对土壤保持服务的影响侧面佐证了优化农业产业结构、转变传统农业生产方式，对

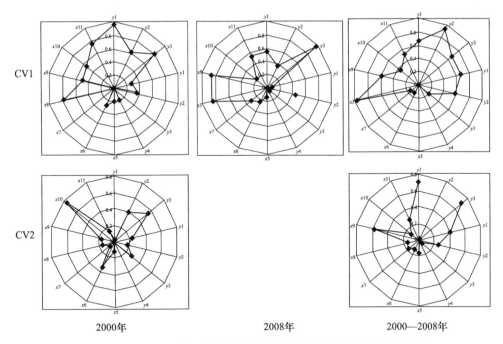

CV1

CV2

2000年　　　　　　2008年　　　　　　2000—2008年

图 4-5　2000—2008 年延河流域生态系统服务及驱动因素的典型载荷

（CV1 和 CV2 为两个典型变量）

于大区域生态系统修复、控制水土流失等具有重要作用。

4.4　讨　　论

　　生态系统服务权衡与协同关系研究成为生态系统管理的关键,这种关系包括生态系统服务由于所基于的生态过程关联而产生的直接联系,也包括由共同驱动因子驱动而产生的生态系统服务的间接关系;相较于前者,后者更为普遍。目前,对生态系统服务关系的研究仍以相关性分析为主,从生态学机理或生态过程入手的生态系统服务关系研究仍不多见。

　　生态系统服务依赖于其存在的生态与地理过程,由此导致生态系统服务具有很强的尺度效应,这种效应不仅体现在生态系统服务的权衡与协同关系在不同尺度下有所不同,同时也体现在生态系统服务驱动因子随尺度不同而有所不同。不同尺度下生态过程及其相互影响具有很强的复杂性。一般来说,小尺度下的生态过程,如物种的变化、污染物的分解往往通过集聚效应影响着大尺度的生态过程,进而导致大尺度的变化,如全球变暖。同时,大尺度下的变化又对小尺度生态过程的发展过程规定方向(吕一河 等,2001)。本章内容揭示了不同尺度下生态系统服务的相互关系和驱动因素有所差别。大尺度下,生态系统服务的空间格局变化更规则、缓和,驱动机制也更为复杂。某些生态系统服务相互关系呈现出跨尺度效应,如泥沙调控与产水服务、土壤保持与水源涵养均呈正相关,这可能是由其依存的高度重叠的生态水文过程使然;二者与固碳的关系则不太明显,原因可能是固碳服务的有效尺度更大,其影响在大尺度下更明显,如全球变化。大尺度下,生态系统服务的驱动机制更为复杂,驱动因素也更多样化,既包括了气候、土壤、水文等自然因素,也包括了产业结构、经济发展、人口等社会经济因素。

第5章　生态系统服务评估及生态系统管理

多年来,黄土高原生态环境治理及改善一直是国家关注的重点。延河流域位于黄土高原中北部,是典型的黄土丘陵沟壑区,延河流域生态环境治理对黄土高原生态恢复与重建具有重要的示范作用。对延河流域生态系统服务时空变化、土地利用景观格局、人类活动、基于生态系统服务的流域分区及管理等开展研究,对于区域生态修复及可持续发展具有重要意义。

5.1　生态系统服务与人类活动关系研究

5.1.1　人类活动与生态系统服务研究进展

5.1.1.1　土地利用变化研究进展

土地利用是人类活动中最重要的指标,也是自然和人文交叉最为复杂的科学问题,人类往往通过对土地利用施加影响,进而影响生态系统服务的供给(刘彦随 等,2002)。土地利用类型、格局、强度的不同,对生态系统服务也有着不同的影响。一般来说,自然生态系统供给服务能力相对弱,但是调节和支持服务的能力强;在适度的干扰强度下,自然生态系统供给服务能力强,而调节和支持服务则较弱;而在人类干扰非常剧烈的情况下,往往会导致土地退化,各种生态系统服务均会受到严重破坏。作为人地变化的核心结点,土地利用变化主要有 3 个方面原因:(1)社会发展的不同阶段导致土地利用属性变化,即内生性或被动性变化;(2)自然或人为原因影响的土地属性变化,即外生性或主动性变化;(3)科技发展导致的土地利用变化,即技术性变化。围绕土地利用变化的主要科学问题包括变化原因、内部机制、变化过程与方向预测、对策研究等(图 5-1)(Turner et al. ,1994)。

遥感技术的发展为土地利用/植被覆盖变化研究提供了有力的保障,为大尺度土地利用研究提供了便利条件(何蔓 等,2005;王素敏,2004;骆剑承 等,2001)。目前,遥感技术已经包括了从航空摄影到卫星遥感,实现了全球同步观测,波长范围也从可见光外延到了红外、微波、超长波,精度已低至米级以下,光谱分辨率达纳米级,波段也达上百个,周期达到小时级,为高精度土地利用变化研究、大尺度生态系统服务研究提供了强劲的技术支持。

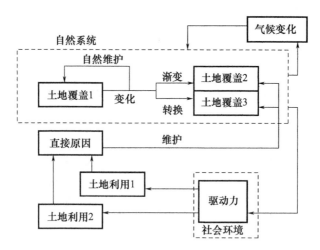

图 5-1　土地利用变化及驱动因素之间的联系（Turner et al. ,1994）

5.1.1.2　人类活动的定量评估

人类活动是人类主观意识驱动下对自然界进行改造的活动,具有明确目的性和社会职能,是人与自然关系演化的现实基础(李香云 等,2004)。人类活动具有主动性,即人类为了自身发展,将人类从环境中分离,成为影响自然环境变化的主要动力。同时,人类活动又具有有限性,受限于当地的资源禀赋和社会特征。对延河流域来说,人类活动影响的土地利用多围绕水资源展开。此外,人类活动的影响还具有滞后性,如上游土地利用的不合理对下游水资源的影响往往在一段时间后才显现出来。

人类活动的评估经历了定性、半定量、定量的过程。人类活动包含的因素非常繁杂,除土地利用外,还包括了社会经济、人口、农业生产等各个方面,对人类活动的评估也经历了从单一因子表征到多因子综合评估的过程。首先,人类活动因子的选取遵循科学性,具有明确内涵,稳定且独立(李香云 等,2004;徐志刚 等,2009)。其次,要具有系统和动态性,力求完整,能反映人类活动过程与结果,以及人类活动与生态环境的特定联系;此外,尽可能具有长时间人类活动数据,进行不同时期比较研究。最后,最为关键的是,人类活动因子还要有可比性,可测、规范,易于量化、口径一致。常用的人类活动因子包括:(1)人口密度,常用现实人口密度与生态承载人口密度的比值来衡量,反映人口环境压力;(2)经济因素,常用单位面积承载的经济容量表征,反映区域生产力水平;(3)人类活动相对强度,常用人类活动与环境容量的差异来反映土地利用程度;(4)生态足迹,用于评估人类资源消耗量与废弃物占用的生态空间的大小,与生态承载力进行对比,确定区域的可持续发展情况;(5)干扰强度系数,评估人类对环境的扰动程度。

联合国开发署整合寿命、知识(识字率)、生活水准(购买力)三方面数据,构建了人类发展指数。该指数数据公认,结果较客观,因此得到推广。联合国以此指数对全球国家按发展程度分为极高度、高度、中度、低度人类发展。该指数也有一些不足之处:(1)同级指标共线性较强,各级指标加权随意;(2)某些指标适用性受经济发展影响;(3)忽略了基尼系数和性别的影响。研究人员参照联合国人类发展指数,开发了各自的人类活动强度指标。文英(1998)整合地理优势度、经济开发程度、社会人文影响程度,构建了人类活动强度指数,并对我国省(市、区)人类活动强度进行了评估分类;张翠云等(2004)整合人口、耕地、水库数量、引水渠和水井数量等,对黑河流域人类活动进行评估;徐志刚等(2009)选取人口、GDP、农业产值、中学生在校人数等社会经济指标,对中国武川县、蒙古国达尔汗乌拉省和俄罗斯扎卡缅斯克地区人类活动强度进行了评估,结果表明,人类活动强度由南向北降低。近年来,随着遥感技术的发展,夜间灯光也越来越多地被用来表征人类活动强度(张晓倩 等,2024;周雅萍 等,2024;杨华 等,2023)

5.1.1.3　人类活动与生态系统服务的关系研究进展

人们对生态系统服务的认识存在一个由无视到重视的过程。最初,人们认为资源环境是无偿的,滥砍滥伐、过度开发盛行,导致物种数量减少、栖息地破坏、生态系统服务受损,对人类福祉造成严重的威胁,影响了生态安全和健康(杨光梅 等,2006;Foley et al.,2005;Lambin et al.,2001,2003;MA,2005)。随着一系列自然灾害的发生,人们逐渐认识到生态环境承载力是有限的,超越这个界限就会导致不可逆的转变,对生态环境造成不可估量的损失。不合理的人类活动往往会造成生境的破坏,威胁全球生物多样性。不合理的人类活动改变地表物质运移,加速土壤侵蚀。而合理的人类活动也可以改善环境,如生态恢复与重建等。在人类进行的生态修复方面,存在两种观点;一种观点强调修旧如旧,将生态系统恢复到干扰前的状态;另一种观点则不过分强调恢复到原始状态。人与生物圈共生原理认为,生态建设既包含原生生态系统的保护与修复,又包括新的人工生态系统的建立,应因地制宜地实施生态建设战略,调配人类活动。人类活动驱动土地利用变化,进而影响生态系统,二者形成了人地耦合系统的关键组成。人类活动与生态系统服务在不同尺度下形成不同的反馈环及不同层次的嵌合体。生态保护政策的制定要注意生态与社会的节律,促进正向反馈,抑制负向反馈。

5.1.1.4　生态管理与生态分区研究进展

生态分区是根据生态环境特点进行的地理空间分区。长期以来,人们往往在行政单元或地理单元的基础上,基于某一个生态环境因素进行分区,并开展生态管理,这种单一要素的分区模式对于解决生态环境问题意义不大。20 世纪,Bailey(2002)从生态系统和生物地理的角度上提出多尺度生态区域嵌套理论。基于多因素生态分区的资源管理和生态保护逐渐被人们所认识(Omernik,2004)。生态分区的优势在于空间直观,对生态规划、确定生态阈值、情景预测、资源配置等起着重要作用。将生态系统服务纳入生态分区有着重要意义,因为一切生态环境问题归根结底都是生态系统服务的问题。此外,生态经济系统作为一个整体,整合社会经济因素,有利于指导人地耦合系统健康发展。但同时也存在一些难点,如人类活动的行政分区单元和生态分区的自然地理单元在空间上往往不匹配,且尺度不对等。

5.1.2 研究方法

5.1.2.1 影像的解译

首先,对 Landsat TM 以及中巴资源卫星(Cber-2B)遥感影像进行正射纬线割圆锥投影,影像解译采用室内分析与野外踏查相结合的方法,缺乏的区域用前后年替代。采用 ArcMap 软件对影像进行正射投影校正,以各类专题地图为参照确定地物;依据解译标志,应用地学分析方法判定各类边界;用自由笔工具沿地物勾画出各类土地利用边界,并转换为 shape 格式。经纠错后构建拓扑关系并进行拼接,生成图形和属性数据库(图 5-2)。

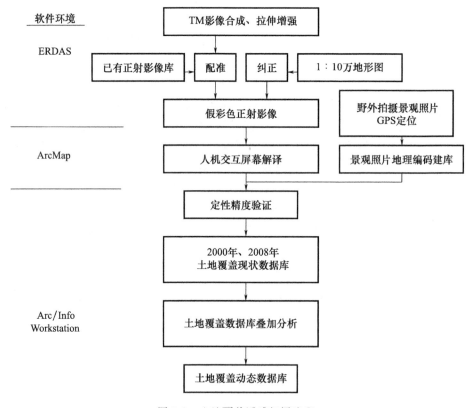

图 5-2　土地覆盖遥感解译流程

5.1.2.2 生态系统服务评估方法

固碳释氧评估采用 CASA 模型,并结合光合作用方程式进行换算;水源涵养采用综合蓄水法计算;土壤保持采用 RUSLE 模型进行计算。粮食生产用乡镇单位土地面积粮食产量来表征。

5.1.3　结果

5.1.3.1　NPP 生产和固碳释氧

固碳释氧是基于 NPP 生产结果换算得到的,二者空间格局相同(图 5-3)。2000年,延河流域 NPP 生产和固碳释氧均呈现西北和东南低、西南高的空间格局。其中,

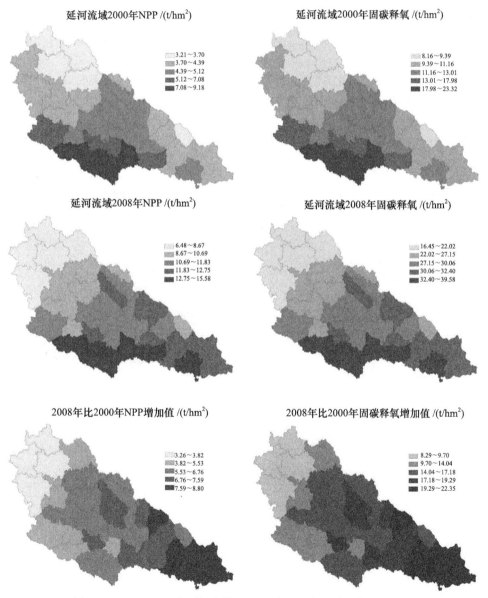

图 5-3　2000—2008 年延河流域 NPP 生产服务与固碳释氧服务变化

西北部镰刀湾最低,分别为 3.21 t/hm²(NPP 生产)和 8.20 t/hm²(固碳释氧);南端柳林结果最高,分别为 9.18 t/hm²(NPP 生产)和 23.32 t/hm²(固碳释氧)。2008年,延河流域 NPP 生产和固碳释氧空间格局均为由北到南递增,最低值仍为镰刀湾的 6.47 t/hm²(NPP 生产)和 16.40 t/hm²(固碳释氧);最高值为柳林,分别是 15.58 t/hm²(NPP 生产)和 39.58 t/hm²(固碳释氧)。从时间上来看,退耕还林后,NPP 生产及固碳释氧显著增加,增幅达到 124%。从空间上来看,NPP 生产及固碳释氧的增加值由西北到东南递增,东南部安沟的增加值最高,分别为 8.80 t/hm²(NPP 生产)和 22.30 t/hm²(固碳释氧);最低的为镰刀湾,其增加值分别为 3.26 t/hm²(NPP 生产)和 8.29 t/hm²(固碳释氧)。

5.1.3.2 水源涵养

与固碳释氧空间格局不同,2000 年,延河流域水源涵养呈现北低南高的格局(图 5-4)。尤其是流域南缘一带,水源涵养最高,最高值为郑庄的 720.58 t/hm²;北部最低值为真武洞的 247.67 t/hm²。2008 年与 2000 年延河流域水源涵养空间格局总体上一致,也呈现北低南高的格局;不同的是北部一些乡镇,如甘谷驿、蟠龙等,水源涵养有所提升;南部的川口水源涵养最高,为 952.28 t/hm²;西北部的张渠最低,

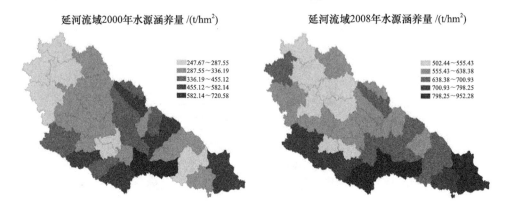

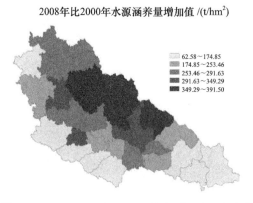

图 5-4 2000—2008 年延河流域水源涵养服务变化

为 502.45 t/hm^2。从时间上来看,退耕还林后,水源涵养总体上增加趋势明显,平均值增幅达 63.89%。从空间上来看,水源涵养的增加量呈现明显的由东北部向四周递减的空间格局,增加量最高的是冯庄,为 391.50 t/hm^2;安沟增加量最低,只有 62.58 t/hm^2。

5.1.3.3　土壤保持

与固碳释氧和水源涵养服务相比,土壤保持服务的空间格局显得不太规律 (图 5-5)。2000 年,略呈南高北低的格局;桥沟的土壤保持服务为 84.89 t/hm^2,为流域最高值;元龙寺最低,为 47.66 t/hm^2。2008 年,土壤保持服务空间格局发生了显著的变化,整个流域呈现西高东低的空间态势;最高仍为桥沟,为 120.34 t/hm^2;最低为郭旗,为 65.21 t/hm^2。总体上,退耕还林后,土壤保持服务增加明显,增幅达 44.28%,呈现出明显的西北—东南递减的格局;除张家滩的土壤保持服务有所降低外,其余乡镇都呈现增加趋势,其中,增加量最高的为坪桥的 47.59 t/hm^2,增加量最低的为安沟的 8.22 t/hm^2。

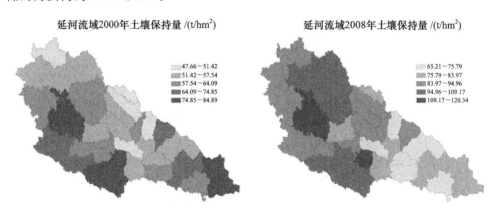

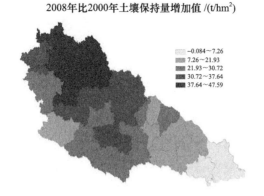

图 5-5　2000—2008 年延河流域土壤保持服务变化

5.1.3.4 粮食生产

延河流域粮食生产服务呈现流域中部高、周边低的格局（图 5-6）。2000 年和 2008 年,李渠的粮食生产服务均最高,分别为 62.74 kg/hm² 和 52.08 kg/hm²。粮食生产最低值为张家滩的 14.42 kg/hm²（2000 年）和黑家堡的 3.44 kg/hm²（2008 年）。退耕还林后,延河流域粮食生产锐减,减幅达 17.3%,流域中部减产明显,南北边缘减产不明显。除楼坪、刘家河、高桥、冯庄、镰刀湾 5 个乡镇粮食生产增长,张渠、建化、坪桥、元龙寺保持稳定外,其他乡镇粮食生产服务均显著减少。

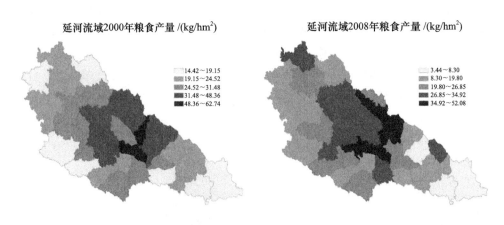

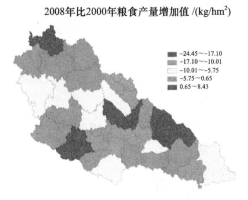

图 5-6　2000—2008 年延河流域粮食生产服务变化

5.1.3.5　延河流域不同生态系统服务权衡与协同关系

蛛网图分析显示,退耕还林期间,延河流域粮食生产服务（供给型服务）有所减少,而 NPP 生产、固碳释氧、水源涵养、土壤保持服务（调节型服务）均增加,二者呈现此消彼长的权衡关系（图 5-7）。

采用 SPSS 软件皮尔逊相关分析法对不同生态系统服务变化量的分析表明,调节性生态系统服务之间具有互相促进的协同作用。土壤保持服务与水源涵养服务

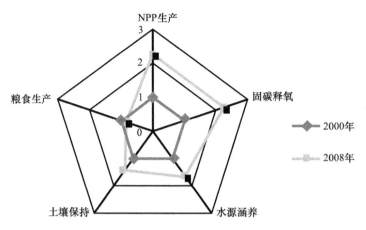

图 5-7　2000—2008 年不同生态系统服务的权衡与协同关系

呈极显著的正相关关系;土壤保持与 NPP 生产呈极显著负相关关系,其原因可能是不同植被对 NPP 生产与水文过程的影响不同,如 NPP 生产的主要贡献者是乔木,而对水文效应影响最大的主要是灌丛和草地,乔木多的地方,灌草的水土保持功能受到抑制(表 5-1)。

表 5-1　2000—2008 年延河流域不同生态系统服务之间的相关性

项目	NPP 生产	固碳释氧	土壤保持	水源涵养	粮食生产
NPP 生产	1	1**	−0.600*	−0.004	−0.423*
固碳释氧	1**	1	−0.600*	−0.004	−0.423*
土壤保持	−0.600**	−0.600**	1	0.561**	0.106
水源涵养	−0.004	−0.004	0.561**	1	−0.212
粮食生产	−0.423*	−0.423*	0.106	−0.212	1

5.2　延河流域景观变化及影响因素分析

5.2.1　景观格局分析原理

　　土地利用变化是人类社会与自然界联系的桥梁,它将自然与人文结合起来,构成了人类社会发展的基石。识别土地利用驱动机制,有助于对土地利用/植被覆盖进行模拟与预测,从而更好地调控生态系统。景观格局是土地利用变化的高度凝练,景观格局指数实现了对土地利用和景观的定量描述,成功地将空间格局与生态过程联系起来,在生态学中得到越来越多的应用。

　　景观格局指数的计算以遥感影像解译开始,参照各种专题图进行地物的确定和斑块边界的勾绘(图 5-8)。尺度效应、数据的差异、土地利用分类的不确定性等都对景观格局指数的计算有潜在的影响。研究表明,大部分的景观指数对分辨率敏感,所以土地利用的分类应该与影像的空间分辨率对应(Wickham et al.,1995,1997)。

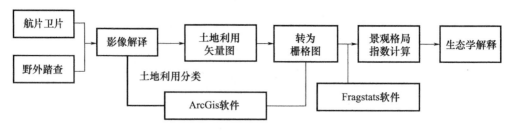

图 5-8　景观格局指数分析基本流程

Fragstats 软件是应用最广的景观指数计算工具,由美国俄勒冈州立大学 Garigal 等开发,有栅格和矢量两个版本。前者包括 Arcgrid、ASCII、Image 等,后者包括 Arc/Info 的 coverage 格式。Fragstats 4.2 及以后的版可以使用 Geo Tiff grid 作为主要的数据格式。矢量和栅格两种格式各有优劣,栅格可以计算而矢量不可以计算的指数包括:最近距离、邻近指数、蔓延度等。由于栅格的边缘总是大于实际的边缘,受网格分辨率影响,栅格版在计算边缘参数时会产生误差(杨国靖 等,2004)。升级版的 Fragstats 软件已经可以在 GIS 嵌入,如 ArcView 延伸版、Patch 分析、Fragstats for ArcView,以及嵌入式 UNTX 和 Windows NT 系统 Fragstats * ARC。作为景观格局强有力的分析工具,该软件已经可以同时运算 100 多个指数(表 5-2)。不同景观格局指数的计算公式及生态学意义见表 5-3。

表 5-2　Fragstats 软件支持的景观格局指数分类表

景观格局指数类型	斑块水平	类型水平	景观水平
面积/密度/边缘指数	●	●	●
形状指数	●	●	●
核心区指数	●	●	●
隔离/监控指数	●	●	●
对比指数	●		●
蔓延/散布指数		●	●
连接度指数		●	●
多样性指数			●

注:黑色圆点表示不同水平上景观格局指数的选择。

表 5-3　相关景观格局指数的计算公式及生态学意义

景观格局指数	计算公式	参数的意义	景观格局指数的意义
类型面积(CA)	$类型面积 = \sum_{j=1}^{n} a_{ij} \left(\dfrac{1}{10000}\right)$	a_{ij} 指 i 类型中 j 斑块的面积(m²)	某一类斑块的面积
斑块数量(NP)	$斑块数量 = n_i$	n_i 指 i 类斑块数量	某一类斑块类型范围,体现景观异质性
斑块密度(PD)	$斑块密度 = \dfrac{n_i}{A} \times 10000 \times 100$	n_i 指 i 类斑块数量;A 指景观的面积(m²)	单位面积上的斑块数
边缘密度(ED)	$边缘密度 = \dfrac{\sum_{i=1}^{m} e_i}{A} \times 10000$	e_i 指斑块 i 的边缘长度(m);A 指景观的面积(m²)	表示斑形状的复杂性
景观形状指数(LSI)	$景观形状指数 = \dfrac{e_i}{\min e_i}$	e_i 指类型 i 栅格边缘或周长总长度(m)	表征景观真实边缘长度占最大可能边缘长度的比值
最大斑块指数(LPI)	$最大斑块指数 = \dfrac{\max(a_i)}{A} \times 100$	a_i 指斑块 i 的面积(m²);A 指景观的面积(m²)	描述景观中最大斑块组成比例,描述优势度
周长面积比(PARA)	$周长面积比 = \dfrac{p_i}{a_i}$	p_i 指斑块 i 的周长(m);a_i 指斑块 i 的面积(m²)	可以简单描述形状的复杂性,但未标准化到新简单欧里德形状
香农多样性(SHDI)	$香农多样性 = -\sum_{i=1}^{m}(P_i \ln P_i)$	P_i 指景观中斑块类型 i 所占的比例	反映多样性优势度,同时指示斑块的不规则性、多样性以及异质性
香农均一性(SHEI)	$香农均一性 = \dfrac{-\sum_{i=1}^{m} P_i \ln P_i}{\ln m}$	P_i 指景观中斑块类型 i 所占的比例;m 指景观中斑块类型数,斑块类型除外	定量化描述斑块类型中面积的分配,同时也可以反映优势度
分维度(FRAC)	$分维度 = \dfrac{2\ln(25 p_i)}{\ln a_i}$	p_i 指斑块 i 的周长(m);a_i 指斑块 i 的面积(m²)	斑块自相似性及形状复杂性,数值越高,形状越不规则,可以表征人类干扰度

续表

景观格局指数	计算公式	参数的意义	景观格局指数的意义
形状指数(SHAPE)	$形状指数 = \dfrac{P_i}{\min P_i}$	P_i指景观中斑块类型i所占的比例	刻画斑块形状复杂性,并考虑斑块的大小
分离度指数(SPLIT)	$分离度指数 = \dfrac{A^2}{\displaystyle\sum_{i=1}^{n} a_i^{\,2}}$	a_i指斑块i的面积(m²);A指景观的面积(m²)	累加斑块面积的分布尺度,也称有效粒度尺度,即斑块类型越分 S 类,在斑块大小恒定情况下斑块数 S 就是分离度指数
连接度(CONTIG)	$连接度 = \dfrac{\left[\dfrac{\displaystyle\sum_{i=1}^{z} \dfrac{c_{ij}}{v}}{a_i}\right] - 1}{v-1}$	c_{ij}指斑块i中j像元近度值;v指3行3列像元组成正方形邻近值总和;a_i指基于像元数的斑块i的面积	表征空间连接度,通过计算随机抽取两个相邻斑块为同一类型的可能性;指示斑块边缘配置情况及斑块形状
聚集度(AI)	$聚集度 = \left(\dfrac{g_{ii}}{\max g_{ii}}\right) \times 100$	g_{ii}指单一计数算法的斑块类型i中具有相似邻接点的数目	描述不同组的斑块类型邻接频率大小;景观水平上 AI 通过面积加权平均值对类型水平加和

5.2.2　方法

5.2.2.1　景观格局指数的选择

Fragstats 软件可分析的景观格局指数主要可分为形状类、数量类、分布类、动态类等。这里选择了 14 个景观格局指数：(1)面积、周长和密度类，包括 CA、NP、PD、ED、景观尺度上的 LSI 和 LPI。这一类指数是计算其他指数的基础，也称基础指数，可以有效地评估景观破碎化、物种的迁移以及外来物种的侵入。(2)形状类指数，包括类型水平上的 PARA、SHAPE、CONTIG 以及景观水平上的 FRAC。这一类指数主要刻画景观斑块的形状复杂性，以及廊道特性和边缘特性，特别是 FRAC 可以很好地表征人类干扰对景观的干扰程度。(3)蔓延指数，包括类型水平的 AI 和 SPLIT，表征斑块的聚集程度以及不同类型土地利用的镶嵌程度，往往表征生态风险的蔓延程度。(4)多样性指数，包括景观水平上的 SHDI 和 SHEI，该类指数从信息论出发，反映景观的多样性和异质性。

5.2.2.2　数据来源

3 期遥感影像分别为 1995 年和 2000 年的 Landsat TM 影像(30 m)，以及 2008 年的 Cbers-2B 影像(19.5 m)(图略)。人口、耕地、经济数据从流域各县(市、区)政府统计部门提取。

5.2.3　结果

5.2.3.1　土地利用转移矩阵分析

1995—2008 年，延河流域土地利用发生了明显的改变，主要体现在耕地的减少和林草地的扩张。耕地由 1995 年的 302396 hm² 减少到 2000 年的 292908 hm²，到 2008 年进一步减少到 118500 hm²。林地从最初的 73600 hm²(1995 年)增加到 80090 hm²(2000 年)和 88557 hm²(2008 年)。草地面积在 2000 年前保持在 308000 hm² 基本不变，2008 年激增到 474600 hm²。居民点和废弃地及水体有所增加，从 1995 年的 5709 hm²(占流域的 0.8%)增加到 2008 年的 8179 hm²(占流域 1.2%)。

利用 Excel 工具对土地利用转换情况进行分析，结果表明：1995—2000 年，分别有 7116 hm² 的耕地和 6535 hm² 的耕地转换为草地和林地；2000—2008 年，耕地向林地和草地的转化更为明显，分别有 165800 hm² 的耕地和 8477 hm² 的耕地转换为草地和林地；1995—2008 年，分别有 168900 hm² 和 14840 hm² 的耕地转换为草地和林地(表 5-4)。总体上，除流域边缘地带外，耕地向草地的转化几乎发生在整个流域；而耕地向林地的转化则零散地分布在流域西南部、南部、东南部、东北部；极少部分林地向草地转化发生在流域南部边缘地区。此外，南部南泥湾等乡镇有少许林地向草地转化。

表 5-4　1995—2008 年延河流域土地利用变化的转移矩阵表

1995—2000 年	耕地/hm²	草地/hm²	林地/hm²	居民点/hm²	水体/hm²	废弃地/hm²
耕地	286000	7116	6535	131	82	2532
草地	4570	299600	3835	49	59	26
林地	1803	2091	69660	0	16	31
居民点	321	37	39	2266	0	16
水体	139	46	22	5	2556	4
废弃地	75	0	0	0	0	183
2000—2008 年	**耕地/hm²**	**草地/hm²**	**林地/hm²**	**居民点/hm²**	**水体/hm²**	**废弃地/hm²**
耕地	118500	165800	8477	102	0	0
草地	0	308800	0	57	48	0
林地	0	0	80080	16	0	0
居民点	0	0	0	2452	0	0
水体	0	0	0	0	2713	0
废弃地	0	0	0	0	2586	206
1995—2008 年	**耕地/hm²**	**草地/hm²**	**林地/hm²**	**居民点/hm²**	**水体/hm²**	**废弃地/hm²**
耕地	115800	168900	14840	233	2594	23
草地	1412	302600	3917	107	129	0
林地	804	3003	69730	16	47	0
居民点	313	46	39	2266	16	0
水体	134	51	22	5	2560	0
废弃地	2	74	0	0	0	183

5.2.3.2　景观格局指数的变化

(1)景观水平上

1995—2008 年,无论是斑块数量还是斑块密度,都表现为明显的上升趋势,外在表现是景观破碎化剧烈。边缘密度微弱升高后又降低,相应地,景观形状指数以及周长面积比也下降,3 个指数的变化都反映了斑块形状的简单化趋势。连接度呈现略微下降又剧烈反弹的态势,反映斑块间的关联程度更密切。聚集度和分离度是一对相反意义的指数,前者先下降后上升,而后者先上升后下降,二者共同反映了研究区斑块聚集程度有升高的趋势。香农多样性和香农均一性都表现为微升剧降的态势,表征斑块多样性与均一性均降低。分维度呈现下降趋势,说明景观斑块变得更整齐,结构趋向于简单化,人类活动的影响变小。最大斑块指数表现为微降剧升态势,表明大面积的斑块越来越多(图 5-9)。

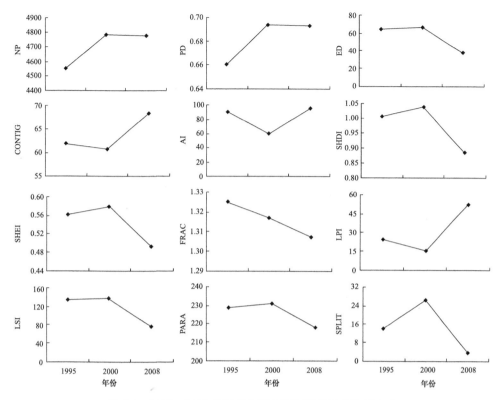

图 5-9   1995—2008 年景观水平上延河流域景观格局变化

1995—2008 年,延河流域的土地利用格局呈现破碎化趋势,不同类型斑块形状变得更加简单规则,两个因素共同反映了延河流域生境的单一化,对物种多样性有不利的影响。而斑块间的连通程度提升,为物种的迁徙提供了便利的通道。

(2)分土地利用类型的景观格局指数

①耕地:1995—2008 年,耕地面积保持持续减少的势头,景观形状指数、边缘密度均呈现降低的态势。斑块数量、斑块密度表现出增加的趋势,尤其是 2000 年后增加趋势更为显著。总体上,延河流域呈现耕地面积减少且破碎化加剧的趋势,分离度指数的增加也很好地响应了耕地景观格局的破碎化趋势。最大斑块指数和周长面积比降低,表明耕地斑块有形状简单化的趋势。斑块连接度指数增加则表征斑块之间连通性增加。耕地破碎化对物种多样性有负面影响,但农业生产主要是围绕有限的几种作物,所以其对粮食生产影响不大(图 5-10)。

②林地:整个研究期间,林地面积、斑块密度、边缘密度、景观形状指数均呈慢速增长态势。分维度、分离度指数基本没有变化,最大斑块指数在整个研究期间均较低。综上所述,林地斑块均一性较高,大斑块较少。总体上,林地景观变化较小,可能是因为林地对生长条件的要求较高,短期内很难发生根本变化(图 5-10)。

③草地：2000 年退耕还林前，草地面积变化很小，斑块数量、斑块密度、边缘密度以及景观形状指数均变化很小。2000 年退耕还林实施后，草地面积增加明显，斑块密度降低，草地呈现去破碎化趋势。2000 年后，分维度也降低，表明草地斑块趋向于简单均一化；最大斑块指数显著增加，周长面积比、聚集度都显著增加，表明草地斑块聚集程度加大；与此同时，斑块连接度降低，表明不同草地斑块之间连通不畅，阻碍了物种的交流（图 5-10）。

④居民点、水体、废弃地：这 3 类土地利用类型在延河流域面积占比很小，景观指数变化不大。居民点景观格局变化最小，且分离度指数降低，表明城市化进程以及新农村建设导致成片的建筑用地出现。3 种土地利用类型的景观形状指数降低，表明人类的干扰程度加剧，景观趋向于规则化。水体面积略有增加，同时水体最大斑块指数也增加。废弃地景观形状指数增加的同时，分离度指数也在增加，表明废弃地形状趋向于规则化（图 5-10）。

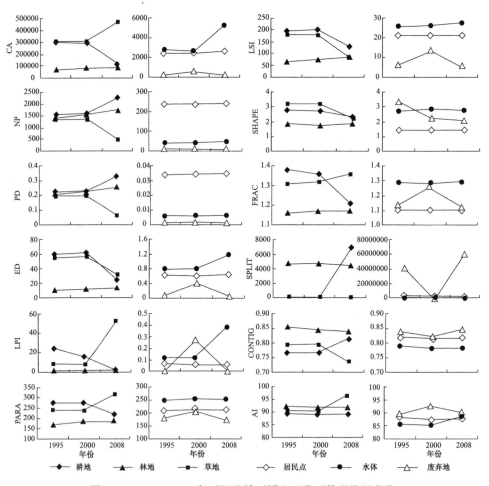

图 5-10　1995—2008 年延河流域不同土地类型景观格局变化

5.2.4 讨论

研究表明,土地利用变化的潜在原因包括政策(96%)、科技(89%)、文化与政治(84%)、经济(71%)、人口(62%)(Lambin et al.,2003)。参照前人研究,延河流域的土地利用驱动因素也从政策、经济、乡村聚落等因素进行分析。

5.2.4.1 政策

"西部大开发"是中华人民共和国于 1999 年实施的一项政策,其目的是把东部沿海地区的剩余经济发展能力,用于提高西部地区的经济和社会发展水平(王文善,2000;刘正杰,2001)。落实到延河流域的工程项目包括天保工程、退耕还林工程、"三北"工程等。另外,当地政府还实施了一些地方项目,如经济林建设、种苗项目、外资援助项目等。延河流域实现了由黄转绿的历史性转变,生态环境得以彻底改善;径流减少,洪峰流量和次数也大幅减少,土壤流失量减少了 72%。延河流域复杂的地貌,使得耕地缩减后呈破碎化趋势;草地对不同立地条件的适应性强,生长恢复快,简单的封禁即可在短时间内得以恢复,且呈现去破碎化的趋势。与之相反,乔木和灌木生长的需求高,需要很好的立地条件,恢复需要的时间长,且呈破碎化趋势。

5.2.4.2 人口变动

1995—2008 年,延河流域人口从 388578 人增长为 501480 人(表 5-5)。延安市2006 年实施"新农村建设"以来,当地共有 140 个新农村得以建设,水、电、暖等基础设施得到大力发展,有近 3 万户、12 万人搬进了新型城镇和乡村。此外,新农村建设还大力推进农村产业结构调整,拓展农民增收渠道,从事农业生产人口大幅减少,农业生产对生态环境的压力得以减轻。人口迁徙及劳动力向非农业的转化对土地利用产生了显著的影响。

表 5-5　1995—2008 年延河流域相关的社会经济因素随时间变化情况

	社会经济因素	1995 年	2000 年	2008 年
人口	总人口/人	388578	434268	501480
	农业相关人口/人	362155	379550	413219
	农业人口所占比例/%	93.2	87.4	82.4
劳动力	乡村劳动力人口/人	171523	180351	214609
	农林牧渔业人口/人	158742	156538	164124
	纯农业劳动力/人	152502	145413	147711
	农业劳动力所占比例/%	96.1	92.9	90.0
机械化程度	农业机械总动力/kW	115905	157828	213832

5.2.4.3 社会经济

1995—2008 年是延河流域生态和经济同步发展的时期,GDP 由初期的 16.7 亿元迅速增长至 170.6 亿元。第二产业工业产值比率增加明显,而第一产业农业收缩明显,这与退耕还林后耕地剧烈减少相对应(图 5-11)。石油开采和旅游产业是延安市的支柱工业。

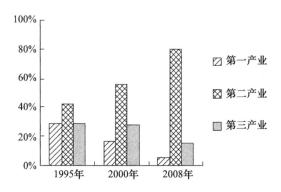

图 5-11　　1995—2008 年延河流域不同产业所占比例随时间变化

(1)石油产业

延安市位于陕北黄土高原腹地,以石油、煤炭、天然气为主的资源十分丰富。作为中国石油工业发源地,延安市石油资源探明储量 13.8 亿 t,含油面积 2112 km^2。2008 年,全市产原油 884.4 万 t,石油工业完成产值 970.5 亿元,拉动全市规模以上工业增长 16.5%,占全市规模以上工业增加值的 77.5%。城镇居民人均可支配收入达 12232 元,农民人均纯收入 3551 元。石油工业成为支撑延河流域地区经济发展的龙头。石油工业的快速发展,有力促进了经济发展,但同时也带来了严重的生态环境问题,特别是对土地利用产生了深远的影响。在油气开采的每个环节中,包括勘探、开采、储存和运输等都需要占用土地资源,给延河流域本就不多的耕地带来压力。油气开采中采用的一些操作,如爆破等,会引起地质结构的变化,导致稳定的土地发生变化;油气的开采和储存产生的废弃物,对空气和地下水造成污染。

(2)绿色农业

农业在延河流域的经济发展中具有重要的地位,农业人口占到了延安市的70%。为增加农民收入,延安市陆续实施了苹果"百千万"高质量示范工程,建成了20 多万亩①果园示范核心区,尤其是延河流域的宝塔区和志丹县,创建了有机果园和绿色食品原料基地。此外,大棚蔬菜和草莓也是延河流域的支柱产业。2008 年,延安市栽植苹果 280 万亩,仅苹果一项产值就达到 40 亿元。以绿色农业发展为契机,延河流域土地利用发生了显著改变,农地退耕为果园、果蔬加工企业、基础设施(如

---

① 1 亩≈666.67 m^2,下同。

道路的修建)等。除此之外,农业技术的发展使机械化水平提升,大大缓解了农民对土地的依赖,促进了土地利用从耕地向非农业用地的转变。

(3)红色旅游

延安古称肤施、延州,是中华文明发祥地之一,是历史文化名城,也是中华民族革命圣地。延河流域见证了中国共产党领导中国革命事业从低潮走向辉煌并实现历史性转折。延河流域不仅有着丰富的革命遗址和红色文化资源,还有独特的自然风光和民俗风情,是全国爱国主义、革命传统、延安精神三大教育基地。旅游业占延安市第三产业的 50%,占总 GDP 的 6%(徐延生,2010)。旅游业的发展对土地利用也造成了显著的影响,这体现在:城市绿地(宝塔山、万花山、凤凰山等)、旅游道路等基础设施的建设直接影响了土地利用;旅游收入对生态和林草建设的推动作用间接影响了土地利用变化;旅游业对富余劳动力的再就业起了重要的作用,推动了土地利用向非农业用地的转变。

(4)新农村建设

延河流域分布有深厚的黄土层。由于黄土具有黏性大和直立不塌的特性,当地人民因地制宜地创造了窑洞这一民居形式。窑洞具有节能环保、冬暖夏凉的特点,依据外形又可分为靠崖式、独立式、下沉式 3 种窑洞。窑洞对地形有特殊的要求,如陡坡或山岭侧面;传统的风水学也对窑洞的选址有特殊的要求(Yoon,1990)。窑洞对地形地貌、土质的特殊要求,导致延河流域的传统窑洞只能形成散布的格局。新农村建设的开展,使得传统窑洞向半直立窑洞和瓦房转变,导致了对选址要求的简化,农民可以根据交通和便利条件自由选址盖屋,居民点连通性加强。本书中居民点分离度指数下降,也验证了这一趋势。

5.3　土地利用与生态系统服务驱动关系探讨

土地利用受自然因素的制约,并体现一定空间区域的生态环境效应。土地利用与生态系统服务之间存在着复杂的关系。大尺度下,土地利用往往是生态系统服务变化的直接驱动因素。开展土地利用变化与生态系统服务关系定量研究,有助于剖析生态系统服务驱动机制,优化土地利用,实现生态系统服务调控,实现区域经济社会可持续发展。

5.3.1　方法

延河流域 1995 年、2000 年、2008 年遥感影像解译、景观格局指数的计算方法参见 5.2 节,延河流域生态系统服务评估方法参见第 4 章。

利用 ArcGIS 软件,将遥感影像矢量转栅格。以乡镇为期间单元,采用 ArcGIS 软件中的 tabulate area 模块,对不同土地利用类型分区计算,获得各乡镇土地利用面积。灌木作为一种植被类型,在生态系统服务,尤其是涵养水源功能方面,具有独特的功效,故将灌木从林地中析出并单列一类。此外,耕地的分布及规划受坡度影响很大,故将耕地按坡度进行进一步细分。利用 SPSS 软件,对不同土地利用类型、景观格局指数和生态系统服务进行皮尔逊相关性双尾检验。

5.3.2 结果

5.3.2.1 土地利用变化空间格局

2000 年,在空间格局上,延河流域西北部乡镇的草地和耕地比例高于南部乡镇,林地和灌丛则是南部乡镇高于北部乡镇(图 5-12)。2008 年,延河流域几乎所有乡镇草地面积均有增加,而耕地则明显减少。退耕还林期间,耕地缩减了 174379 hm²,减少幅度为 59.5%。耕地的减少受坡度的影响最大,随坡度增加,耕地缩减的幅度也增大,不同坡度耕地减少情况为:低于 5°占 2.9%、5°~10°占 29.7%、10°~15°占 60.8%、15°~20°占 59.0%、20°~25°占 72.4%、高于(或等于)25°占 72.2%;15°及以上坡耕地占整个退耕地的比例达 94%(图 5-13)。

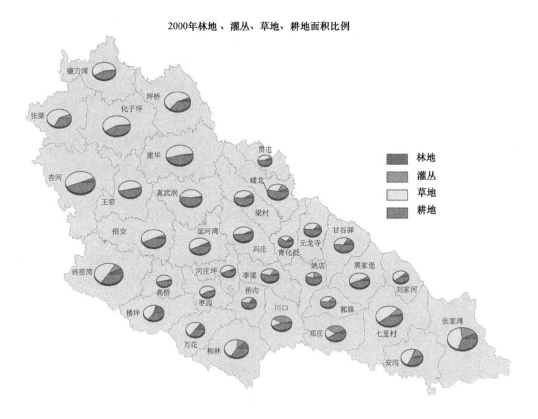

2008年林地、灌丛、草地、耕地面积比例

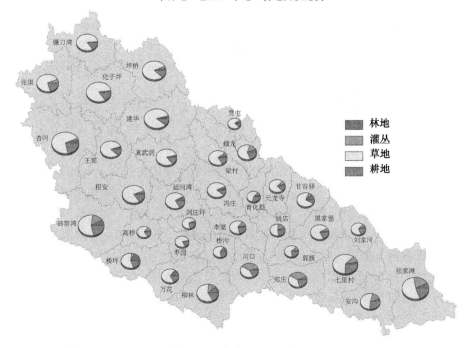

图 5-12 2000—2008 年延河流域林地、草地、灌丛、坡耕地比例的变化

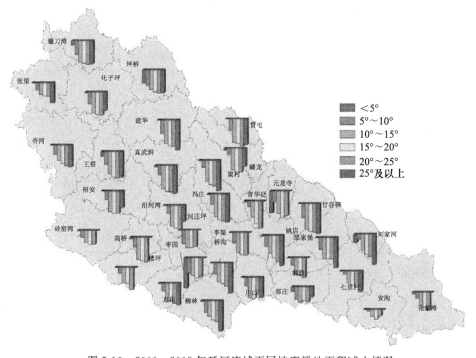

图 5-13 2000—2008 年延河流域不同坡度耕地面积减少情况

5.3.2.2　土地利用与生态系统服务空间相关性

利用 SPSS 软件进行相关性分析,结果表明,林地与调控性生态系统服务呈正相关,而草地与 NPP 生产和固碳释氧呈负相关,其原因可能是草地在整个延河流域所占比例过大,而林地面积占比小,影响了 NPP 生产和固碳释氧服务的提供。相关性分析显示,草地和林地呈显著负相关($r^2 = -0.481$**)。

对耕地与生态系统服务进行相关性分析,结果显示,2000 年,影响粮食生产服务的耕地集中在低于 5°和 10°～20°的坡耕地(表 5-6)。2008 年,耕地与粮食生产相关性不显著(表 5-7),可能是由于退耕还林后,粮食生产的空间格局发生了改变。坡耕地影响调控性生态系统服务主要集中在 15°及以上,具体来说,15°～20°影响了土壤保持和水源涵养服务,而 20°～25°主要影响了 NPP 生产、固碳释氧、水源涵养,高于(或等于)25°则主要影响 NPP 生产和固碳释氧服务。

从 2000—2008 年土地利用和生态系统服务变化分析可知,草地面积与土壤保持服务和水源涵养服务呈极显著正相关,即退耕还林期间草地面积的增加是生态系统服务提升的主要驱动因素(表 5-8)。林地的增加对水源涵养服务有显著的影响。NPP 生产和固碳释氧服务的变化与 5°～10°和 25°及以上耕地面积的变化呈显著正相关,土壤保持和水源涵养服务的变化则与 10°～25°坡耕地的变化呈极显著负相关。10°～25°坡耕地是延河流域退耕还林的主要区域,占到整个延河流域退耕还林面积的 73%～85%。由此证明,坡耕地转化为林草地是延河流域土壤保持服务和水源涵养服务的主要影响因素,其影响程度远超过对 NPP 生产和固碳释氧服务的影响,退耕还林还草对遏制区域水土流失起了决定性作用。

表 5-6　2000 年土地利用与生态系统服务的相关性情况

项目	林地	灌丛	草地	坡耕地					
				<5°	5°～10°	10°～15°	15°～20°	20°～25°	≥25°
NPP 生产	0.691**	0.370*	-0.375*	-0.123	-0.019	-0.040	-0.230	-0.597**	-0.387*
固碳释氧	0.691**	0.370*	-0.375*	-0.123	-0.019	-0.040	-0.230	-0.597**	-0.387*
土壤保持	0.492**	-0.016	0.044	-0.004	-0.050	-0.306	-0.384*	-0.269	-0.129
水源涵养	0.546**	0.814**	-0.498**	-0.183	0.107	-0.286	-0.374*	-0.697**	-0.280
粮食生产	-0.108	-0.087	-0.397*	0.440**	0.172	0.728**	0.615**	0.061	-0.329

表 5-7　2008 年土地利用与生态系统服务的相关性情况

项目	林地	灌丛	草地	坡耕地					
				<5°	5°～10°	10°～15°	15°～20°	20°～25°	≥25°
NPP 生产	0.581**	0.518**	-0.646**	-0.026	0.093	0.237	0.314	-0.206	-0.549**
固碳释氧	0.581**	0.518**	-0.646**	-0.026	0.093	0.237	0.314	-0.206	-0.549**
土壤保持	0.192	-0.444**	0.339*	-0.002	-0.230	-0.291	-0.417*	-0.130	0.191

续表

项目	林地	灌丛	草地	坡耕地					
				<5°	5°～10°	10°～15°	15°～20°	20°～25°	≥25°
水源涵养	0.477＊＊	0.768＊＊	−0.616＊＊	−0.111	0.055	0.018	−0.008	−0.492＊＊	−0.281
粮食生产	−0.169	−0.151	0.192	0.183	0.144	−0.093	−0.289	−0.246	−0.213

表 5-8　2000—2008 年土地利用变化与生态系统服务变化的相关性情况

项目	林地	灌丛	草地	坡耕地					
				<5°	5°～10°	10°～15°	15°～20°	20°～25°	≥25°
NPP 生产	0.032	−0.143	0.084	0.177	0.371＊	−0.007	−0.251	0.206	0.620＊＊
固碳释氧	0.032	−0.143	0.084	0.177	0.371＊	−0.007	−0.251	0.206	0.620＊＊
土壤保持	0.306	−0.046	0.512＊＊	−0.099	−0.313	−0.525＊＊	−0.340＊	−0.654＊＊	−0.550＊＊
水源涵养	0.435＊＊	0.021	0.946＊＊	−0.159	−0.232	−0.937＊＊	−0.915＊＊	−0.729＊＊	−0.121
粮食生产	−0.075	0.221	−0.314	−0.162	−0.070	0.254	0.367＊	−0.015	−0.206

5.3.3　讨论

5.3.3.1　土地利用对生态系统服务的影响

土地利用和植被覆盖是水文过程重要的因素。植被覆盖及大量地表枯枝落叶随时间长期演替形成腐殖层,改善了土壤有机质含量,增加了土壤的厚度,土壤蓄水调水功能得以加强,同时增加了深层的土壤水分含量(Wang et al.,1993;Zha et al.,1992)。植被对降雨的分配也影响着降雨的流量分配,减少了地面径流的形成(崔铁成,1993)。此外,植物庞大的根系纹饰对土壤的固定作用也是减少土壤流失的重要条件(Gyssels et al.,2002,2003)。多样化、丰富的植被组成的复杂格局往往比单一的植被更有效,乔、灌、草的镶嵌对于水土保持服务具有更重要的作用。延河流域相关研究显示,由低到高不同坡位依次排列的农、林、草组合在土壤保持和养分蓄留方面具有更好的效果(Fu et al.,2000)。在遥感影像精度提高的情况下,植被类型组成对生态系统服务的效应研究很有必要。

延河流域各乡镇土地利用状况及时间变化差异明显(表 5-9 和表 5-10)。不同土地利用的组合,尤其是不同植被类型斑块的镶嵌是影响 NPP 生产和固碳释氧的关键因素。大尺度下,植被类型与 NPP 生产的影响仍以遥感影像解译及生态学模型评估为主,如 GLO-PEM 模型作为第二代全球生产力效应模型,包括了表面辐射温度、周围环境温度、水蒸气压力差、日光合有效辐射、地面生物量等参数。应用该模型评估中国北方 NPP 生产的结果表明,大尺度下,影响 NPP 生产的主要因素仍为气候因素;小尺度下,土地利用的作用突显出来;1984—2004 年近 20 a,土地利用对 NPP 生产的影响占到了 97％左右(高志强 等,2004)。

表5-9 2000年延河流域各乡镇土地利用情况

单位:hm²

乡镇	草原	灌丛	林地	水域	聚落	废弃地	坡耕地					
							<5°	5°~10°	10°~15°	15°~20°	20°~25°	≥25°
安沟	9888.32	3379.16	826.93	39.98	0	0	187.71	1337.84	2544.07	2298.73	676.91	5.62
沿河湾	10073.86	260.06	1146.09	112.18	129.95	0	830.48	560.39	3650.36	3203.11	787.56	28.48
郑庄	3272.02	6336.22	1102.81	15.67	17.57	0	31.62	862.18	3605.50	2643.54	192.39	16.70
冯庄	8141.41	527.27	639.33	0	42.39	0	88.66	531.97	3336.86	3998.61	895.35	13.27
万花	8085.67	316.97	1874.81	19.28	86.76	43.51	42.39	900.51	2651.60	1982.04	210.29	13.20
王窑	11256.45	29.19	670.22	475.58	95.87	0	266.23	609.71	4063.55	4079.56	1395.69	43.74
楼坪	8332.56	588.55	3320.38	0	85.44	164.90	14.71	1199.62	3197.35	1997.49	279.10	0
川口	2503.30	6682.10	475.89	15.81	13.29	96.58	173.89	711.60	3506.00	2895.03	250.59	18.00
甘谷驿	5474.34	1105.77	1673.91	78.66	10.33	0	159.19	450.88	3206.47	3839.15	644.23	18.00
七里村	15065.68	2830.87	873.30	242.37	64.90	0	395.96	1945.77	4885.42	4565.95	815.71	23.03
柳林	10750.17	3300.82	2648.38	13.26	118.99	693.45	170.78	1208.69	4226.55	2889.76	283.79	3.12
桥沟	3357.64	534.31	993.67	256.02	744.51	4.60	404.64	511.41	2322.42	1702.35	153.74	6.77
梁村	7248.34	731.58	733.79	0	22.10	0	85.76	811.50	3685.82	3636.19	659.58	16.61
李渠	4432.24	1570.66	534.64	164.68	67.82	0	428.01	915.92	3205.69	2594.39	346.60	0
化子坪	18042.04	180.90	408.61	0	32.00	0	377.27	1899.95	5170.14	4118.59	1494.34	147.52
张家滩	16679.77	8029.86	2726.12	369.22	22.69	0	306.69	3257.17	5507.18	2791.28	360.87	3.66
河庄坪	4926.88	240.12	315.77	247.08	129.60	67.58	366.38	237.52	1921.92	1364.91	387.34	0
镰刀湾	13361.57	134.62	270.52	19.34	7.55	0	178.81	2513.82	4340.94	2292.66	573.62	43.19
砖窑湾	17138.63	3015.55	2624.29	53.58	93.49	105.46	125.62	977.96	5892.38	4483.96	1171.97	5.16
建华	16542.20	256.09	554.05	12.82	100.33	0	138.72	1495.75	6549.49	4808.96	1583.46	69.91

续表

乡镇	草原	灌丛	林地	水域	聚落	废弃地	坡耕地					
							<5°	5°~10°	10°~15°	15°~20°	20°~25°	≥25°
蟠龙	5448.24	2113.09	985.74	0	85.08	22.65	322.97	1360.64	3887.47	3321.06	663.73	22.23
青化砭	2780.68	619.75	484.20	0	14.83	0	240.57	1103.84	2410.06	1638.45	161.90	0
郭旗	3876.12	1029.51	172.47	57.10	0	0	84.74	434.23	2180.50	2306.70	322.54	0
高桥	5149.09	53.81	332.29	0	94.49	948.07	6.27	691.86	2188.76	1583.33	423.46	0
元龙寺	5095.64	902.70	643.21	0	5.12	699.27	4.19	811.31	2951.94	2894.86	338.00	0
枣园	5714.46	111.69	234.93	27.28	86.70	0	4.47	233.09	1784.61	1942.60	397.83	0
姚店	2607.91	1968.53	717.32	126.91	48.90	0	360.76	768.54	2635.90	2192.42	160.44	9.45
杏河	19712.00	832.74	1318.31	62.77	9.94	0	428.08	2061.31	7590.37	5910.26	1522.91	222.63
张渠	15444.48	1427.06	214.32	0	4.76	0	0	740.68	3912.02	2819.50	808.75	100.27
坪桥	16986.27	651.70	864.21	1.65	28.30	0	37.91	875.89	4478.48	3497.74	1805.23	169.37
刘家河	5467.35	684.75	607.90	0	3.75	0	99.54	489.04	1794.85	1832.65	395.87	12.27
真武洞	10358.05	138.63	501.09	10.61	105.42	0	378.36	938.65	5067.75	3897.42	1310.24	15.27
黑家堡	8567.71	881.18	446.89	287.54	12.22	0	559.93	652.75	3176.97	2983.63	477.09	7.25
招安	13549.06	863.70	499.59	11.12	63.08	0	294.23	831.38	4750.20	4419.03	1111.11	71.88
贯屯	3785.34	391.90	365.37	7.65	3.78	0	17.65	315.06	1757.96	1975.92	489.31	9.81

表 5-10 2008 年延河流域各乡镇土地利用情况

单位：hm²

乡镇	草地	灌丛	林地	水域	聚落	废弃地	坡耕地					
							<5°	5°~10°	10°~15°	15°~20°	20°~25°	≥25°
安沟	11329.14	3468.49	826.93	39.98	0	0	187.71	1263.36	1964.06	1564.99	535.00	5.62
沿河湾	15591.00	429.96	1230.96	129.01	129.95	0	829.13	412.79	1096.51	784.66	135.27	13.29
郑庄	6503.00	6522.87	1102.81	15.67	17.57	0	26.73	513.93	1805.83	1477.21	99.56	11.06
冯庄	15053.17	527.27	662.68	0	42.39	0	87.47	350.61	830.04	567.26	93.33	0.90
万花	11171.99	338.82	1870.00	19.28	182.67	43.51	41.47	661.08	1017.87	806.86	69.85	3.64
王窑	18947.44	266.08	720.39	475.58	95.87	0	223.90	355.63	1047.78	669.24	177.59	6.29
楼坪	10946.13	999.33	3396.50	164.90	85.44	0	14.71	974.52	1588.75	937.39	72.43	0
川口	7130.81	6710.98	526.96	112.39	20.03	0	173.89	509.73	1153.99	881.89	115.53	5.88
甘谷驿	12254.86	1221.12	1851.35	78.66	10.33	0	158.76	238.73	483.87	321.81	41.44	0
七里村	19648.45	2928.88	903.97	242.37	64.90	0	393.86	1731.50	2956.25	2368.57	463.03	7.19
柳林	15326.26	3342.97	2690.03	706.70	118.99	0	167.84	747.39	2071.99	1047.76	87.82	0
桥沟	6237.91	534.31	993.41	256.02	811.80	4.60	404.20	324.54	861.50	530.50	33.29	0
梁村	13098.20	1001.97	790.07	0	22.10	0	85.76	631.68	1143.97	752.39	105.12	0
李渠	8995.20	1570.66	534.64	164.68	67.82	0	428.01	613.32	1104.49	694.16	87.68	0
化子坪	26327.94	292.91	570.85	0	32.00	0	365.39	1176.85	1620.84	1065.67	361.12	57.77
张家滩	21132.79	8198.56	2793.80	369.22	22.69	0	291.35	2584.18	3101.34	1410.83	146.08	3.66
河庄坪	7042.64	301.80	338.66	247.08	134.10	67.58	365.61	131.76	815.26	582.27	178.32	0
镰刀湾	19778.64	146.69	276.18	19.34	7.55	0	152.51	1381.78	1236.03	598.67	128.81	10.43
砖窑湾	19930.09	5313.55	2627.63	159.04	93.49	0	124.25	759.16	3573.71	2456.27	645.68	5.16
建华	27391.75	437.51	850.31	12.82	100.33	0	137.43	826.59	1506.27	676.47	172.31	0

续表

乡镇	草地	灌丛	林地	水域	聚落	废弃地	坡耕地					
							<5°	5°~10°	10°~15°	15°~20°	20°~25°	≥25°
蟠龙	11222.78	2511.67	1022.31	0	85.08	22.65	302.30	1070.95	1151.56	688.04	146.63	8.93
青化砭	5571.18	699.05	492.49	0	14.83	0	233.35	896.05	1120.72	410.18	16.45	0
郭旗	6743.04	1032.47	172.47	57.10	0	0	84.74	329.34	1002.70	929.27	112.78	0
高桥	7407.71	1115.64	383.39	888.02	94.49	60.05	5.94	472.65	599.96	362.20	81.37	0
元龙寺	10245.77	941.03	699.91	31.14	5.12	0	1.12	526.87	769.99	364.00	62.00	0
枣园	8419.60	111.69	234.93	718.77	86.70	7.78	0	117.81	733.91	655.73	150.02	0
姚店	6208.54	1968.53	755.70	126.91	48.90	0	352.76	486.73	1064.59	560.73	23.69	0
杏河	28767.46	975.13	1423.38	62.77	9.94	0	427.29	1435.87	3720.16	2300.05	487.23	62.04
张渠	18678.55	1456.89	216.62	0	4.76	0	0	571.63	2439.74	1616.61	453.24	33.80
坪桥	24130.39	906.39	935.99	1.65	28.30	0	21.44	420.01	1535.48	952.83	423.68	40.57
刘家河	7801.54	898.27	607.90	0	3.75	0	73.04	414.26	870.94	616.86	101.41	0
真武洞	18830.30	242.74	558.78	10.61	105.42	0	360.20	650.17	1216.39	575.03	170.73	1.13
黑家堡	13282.78	996.37	446.89	287.54	12.22	0	558.34	403.65	1012.84	912.07	140.46	0
招安	20997.57	863.70	622.89	11.12	63.08	0	294.23	600.68	1508.39	1161.64	309.09	32.00
贯屯	7214.24	502.35	365.37	7.65	3.78	0	17.65	193.80	408.03	361.94	43.52	1.42

5.3.3.2　土地利用景观格局变化对生态系统服务的影响

利用 SPSS 软件进行皮尔逊相关性分析。1995 年的结果显示,耕地破碎化对固碳释氧有不利影响,反之,耕地斑块聚集化或形状复杂化对固碳释氧有促进作用。耕地形状复杂化对水源涵养有负面作用,而耕地斑块聚集化对水源涵养有促进作用。耕地平均斑块面积增加并未促进粮食生产。2000 年的结果显示,草地破碎化和草地斑块形状复杂化对固碳释氧与水源涵养有促进作用。2008 年的结果显示,林地景观指数对生态服务的反应比耕地和草地更敏感。林地的破碎化、优势度、斑块面积均对固碳释氧和水源涵养有促进作用;林地的斑块周长面积比对固碳释氧和水源涵养有负面作用;林地的斑块优势度、复杂度、斑块面积均对土壤保持有负面作用(表 5-11)。

5.4　人类活动对生态系统服务的驱动作用

5.4.1　生态系统服务中人文因素的影响

与人文因素(社会经济因素)相比,气候、土壤、地形以及水系等自然因素在小流域尺度下相对比较稳定,在分析生态系统服务的变化时,自然因素往往作为背景本底值。相对来说,人的主观能动性使得人文因素的变动往往比较剧烈,人文因素是小流域尺度下生态系统服务的主导驱动因素。人文因素评估分为定性和定量两类,定性评估往往停留在用文字描述来分析生态系统服务和影响因素之间的因果关系。由于文字描述的定量能力比较差、随意性强,无法和当地生态保护政策中的 GDP 等因素很好地挂钩,因此逐渐淡化。相比之下,定量分析方法可以很好地与经济发展结合起来,比较性和说服力强,易于挖掘生态系统服务驱动机制。定量分析方法的不足主要是过于依赖数学和统计方法,对生态系统服务空间复杂性和差异性重视不够。常用的数学定量方法包括多元回归分析、主成分分析、典型相关分析等。本节内容以 ArcGIS 空间分析方法,定量刻画黄土高原延河流域人类活动空间格局,并对人类活动对生态系统服务的驱动机制进行定量分析。

5.4.2　方法

5.4.2.1　人类活动指标筛选及权重分配

人类活动强度(HAI)由人口密度、耕地面积、道路基础设施、居民点影响力构成。这里采用层次分析法和经验法相结合的方式,对人类活动各因素权重进行赋值,各因素权重为:人口密度 0.3、耕地面积 0.3、道路基础设施 0.2、居民点影响力 0.2。为使各因素可加,用极差法进行去量纲化。

表 5-11　1995—2008 年延河流域不同景观格局指数与生态系统服务的相关性情况

项目		PD	LPI	ED	AREA	SHAPE	FRAC	PARA	CONTIG	CLUMPY
1995年耕地	固碳释氧	-0.473**↓	0.328	-0.061	0.550***↑	0.182	0.098	-0.552**↓	-0.119	0.518**↑
	土壤保持	-0.100	0.054	-0.211	-0.201	0.046	0.154	0.409*↑	-0.170	-0.277
	水源涵养	-0.303	0.227	-0.309	0.195	-0.130	-0.140	-0.441**↓	0.120	0.520**↑
	粮食生产	0.189	0.320	-0.230	-0.208	-0.496**↓	-0.536**↓	-0.211	-0.066	0.314
2000年草地	固碳释氧	0.658***↑	-0.477**↓	0.264	-0.466***↓	0.012	0.390*↑	0.531***↑	0.270	0.645***↑
	土壤保持	-0.117	-0.013	-0.125	0.242	-0.013	0.049	-0.260	-0.222	-0.370*
	水源涵养	0.501***↑	-0.294	-0.036	-0.273	0.053	0.271	0.444***↑	0.215	0.586**↑
2008年林地	固碳释氧	0.475***↑	0.522***↑	0.622***↑	0.570***↑	0.336*↑	0.313	-0.547***↓	-0.442**↓	0.219
	土壤保持	0.031	-0.356*↓	-0.338*↓	-0.447***↓	-0.525**↓	-0.519**↓	0.289	0.350*	-0.122
	水源涵养	0.432*↑	0.804**↑	0.833**↑	0.733**↑	0.453**↑	0.359*↑	-0.569***↓	-0.586**↓	0.042

注：↑表示促进作用，↓表示负作用；AREA 表示面积，CLUMPY 表示集聚度。

$$H_{AI}=0.3P\times0.3C\times0.2R\times0.2S \tag{5-1}$$

式中：H_{AI} 是人类活动强度指数，P 是人口密度，C 是耕地面积，R 是道路基础设施，S 是居民点影响力。

5.4.2.2 数据来源及处理

人口和耕地面积数据从延河流域各县(市、区)统计局获取，乡镇行政区划及居民点从各县(市、区)民政部门获取，道路设施从《陕西省地图册》获取。应用 ArcGIS 工具，对各专题图进行矢量化(图 5-14)。

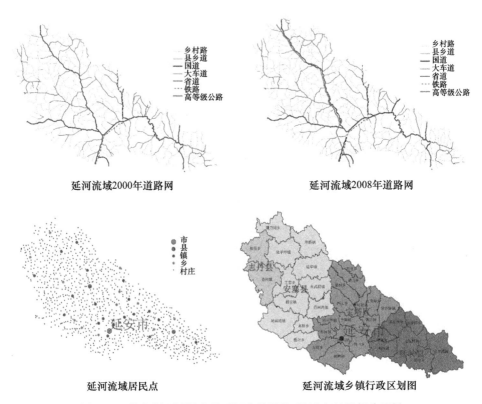

图 5-14　从专题地图提取的延河流域道路、居民点以及行政区划

按照国家基础地理信息标准，对居民点及乡镇聚落和道路的生态影响力进行分类赋值，如表 5-12 所示(胡志斌 等,2007;曾辉 等,1999)。道路基础设施的生态环境影响力主要反映在道路的数目和更新提升,同级别的道路具有类似的生态环境影响程度。居民点聚落的生态环境影响力受面积影响显著。结合《陕西省土地利用数据集》对县(市、区)各类型居民点进行赋值,确定其影响力(表 5-13)。城市区和乡村聚落生态影响力采用克里格法进行空间插值,道路设施采用缓冲区设置生成道路影响力栅格图。

表 5-12　不同等级道路的影响力赋值

级别	影响力
高等级公路	12000
国道	10000
铁路	10000
省道	8000
县乡道	5000
大车道	3000
乡村路	2000

表 5-13　不同级别居民点对应的影响力赋值

居民点级别		2000 年	2008 年
宝塔区[a]	市[a]	24917[a]	25000[a]
	镇	14950	15000
	乡	9965	10000
	村	4982	5000
安塞县	县	19845	20000
	镇	10961	15000
	乡	9923	10000
	村	4961	5000
延长县	县	19657	20000
	镇	14342	15000
	乡	9828	10000
	村	4914	5000
志丹县[b]	—	—	—
	镇	12975	15000
	乡	9983	10000
	村	4991	5000

注:a 表示宝塔区为延安市政府所在地,b 表示志丹县政府所在地位于延河流域之外。

在 ArcGIS 环境下,参照延安市志丹、宝塔、安塞、延长 4 个县(市、区)纸质行政区划图,生成延河流域矢量图,将各乡镇人口密度和耕地数据汇总于 Excel 表格并链接到延河流域乡镇矢量图属性表,生成以乡镇为单位的人口和耕地矢量图,并转为栅格图,以供栅格计算器进行计算。

利用 ArcGIS 栅格计算器,采用极差法将栅格化的人口密度、耕地占比、道路设施、城市和聚落影响力标准化,各要素乘以相应的权重并进行图层叠加相乘,得到延河流域人类活动强度图。以矢量化的乡镇图为分区,用 ArcGIS 中的空间统计模块获取各乡镇人类活动强度平均值。

5.4.2.3 生态系统服务人文驱动分析

利用 SPSS 软件皮尔逊相关系数双尾检验方法,对延河流域生态系统服务与人类活动强度进行相关性计算,生态系统服务采用 5.1 节计算的结果。定量分析人类活动对生态系统服务的驱动影响。

5.4.3 结果

5.4.3.1 延河流域人类活动强度

总体上来看,延河流域人类活动强度与所在县(市、区)行政级别及经济发展程度相一致(图 5-15)。2000 年,人类活动强度最高的乡镇为延安市区的桥沟(0.5878);其次是市区周边乡镇,包括青化砭(0.4446)、李渠(0.3917)、王窑(0.3847)、蟠龙(0.3600);再次是周边县城所在地,如安塞县政府所在地真武洞(0.3384)、延长县政府所在地七里村(0.2980);远郊乡镇,如坪桥和张渠最低,人类活动强度分别为 0.2113 和 0.1771。2008 年,延河流域人类活动强度总体上比 2000年有所降低。从空间上看,人类活动强度最高的仍为市区的桥沟(0.5231);其次是市郊乡镇青化砭(0.2783)、姚店(0.2283)等;县(市、区)政府所在地人类活动强度又比市郊乡镇低,如七里村(0.2210)、真武洞(0.1408);偏远乡镇人类活动强度最低,如冯庄(0.0791)、坪桥(0.0763)、王窑(0.0648)(图 5-16)。

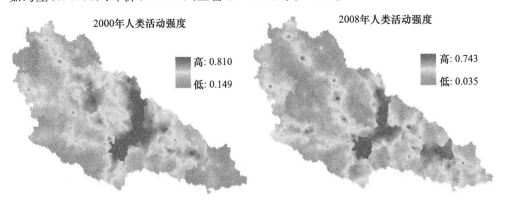

图 5-15　2000—2008 年延河流域人类活动强度空间格局

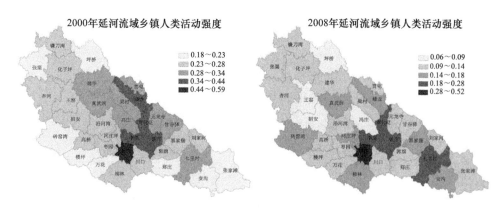

图 5-16　2000—2008 年延河流域以乡镇为单元的人类活动强度

退耕还林后,人类活动强度有较大幅度的降低,降幅为 48.76%(图 5-17)。人类活动强度降低的幅度在空间上呈现出明显特征,流域东北部人类活动强度降低的幅度最大,如贯屯、冯庄、元龙寺人类活动强度分别降低了 0.213、0.208、0.209;其次是西北部区域,如张渠人类活动强度降低了 0.069;再次是西南部的砖窑湾和桥沟,人类活动强度分别降低了 0.068 和 0.065;东南部乡镇人类活动强度降低的幅度较小,如安沟、张家滩、七里村的人类活动强度降低幅度分别为 0.037、0.062、0.077。

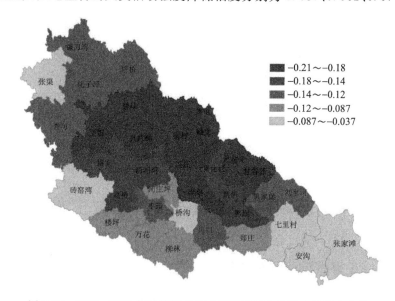

图 5-17　2000—2008 年退耕还林前后延河流域人类活动强度变化量

5.4.3.2　人类活动强度与生态系统服务空间相关性分析

利用 SPSS 软件对人类活动强度与生态系统服务进行相关性分析,结果表明,人类活动强度与土壤保持和水源涵养呈显著负相关($r^2 = -0.489$ 和 $r^2 = -0.957$),即人类干扰的减少促进了土壤保持和水源涵养服务(表 5-14)。将人类活动解构,进一步分析不同社会经济因素与生态系统服务的相关性,结果表明,耕地与水源涵养和土壤保持服务的相关性最高($r^2 = -0.983$ 和 $r^2 = -0.524$),这验证了延河流域真正起作用的人类活动因素是耕地的变化,并进一步说明了退耕还林还草政策的实施是驱动当地生态系统服务改善的关键因素(表 5-15)。

表 5-14　2000—2008 年不同生态系统服务类型与人类活动强度的相关性情况

项目	NPP 生产	固碳释氧	土壤保持	水源涵养	粮食	HAI
NPP 生产	1	1**	−0.600*	−0.004	−0.423*	−0.070
固碳释氧	1**	1	−0.600***	−0.004	−0.423*	−0.070
土壤保持	−0.600**	−0.600***	1	0.561**	0.106	−0.489**
水源涵养	−0.004	−0.004	0.561**	1	−0.212	−0.957**
粮食生产	−0.423*	−0.423*	0.106	−0.212	1	0.185
HAI	−0.070	−0.070	−0.489**	−0.957**	0.185	1

表 5-15　2000—2008 年不同生态系统服务与人类活动强度各因子之间的相关性情况

项目	道路标准化	耕地比率标准化	居民点标准化	人口标准化
NPP 生产	0.152	−0.056	−0.032	−0.132
固碳释氧	0.152	−0.056	−0.032	−0.131
土壤保持	−0.040	−0.524**	−0.116	0.134
水源涵养	0.236	−0.983**	−0.242	−0.056
粮食生产	−0.337	0.276	0.213	−0.107
HAI	−0.178	0.950**	0.261	0.268

5.5　基于生态系统服务和人类活动的生态系统管理

5.5.1　生态系统管理相关概念

生态系统管理的理念是随着北美洲、欧洲一些国家在 20 世纪 80 年代进入可持续生态系统管理后而出现的。生态系统服务在生态系统管理中具有重要的作用,生态系统管理的本质就是以处理好不同生态系统服务之间的权衡关系,获取人类需要的某些生态系统服务为终极目标。人类活动是影响生态系统服务的主要因素,生态系统管理通过调控人类活动,优化生态系统服务的供给。基于人类活动和生态系统服务的生态分区是因地制宜进行生态系统管理的关键。本节以延河流域为研究区，整合人类活动和生态系统服务进行生态分区，并分区域提出管理意见，为区域可持续发展提供建议。

5.5.2　方法

以延河流域为研究区，对 2008 年 NPP 生产、固碳释氧、水源涵养、土壤保持、粮食生产 5 种服务进行评估，评估方法见第 4 章。选择人口密度、道路设施、城市与乡村聚落、耕地占比 4 个因素，构建人类活动强度指数。人类活动相关数据来源和评估方法见 5.4 节。采用 ArcGIS 中的 zonal statistics 模块将生态系统服务和人类活动强度分配到各乡镇。

利用 SPSS 软件聚类分析方法，依据生态系统服务和人类活动强度，对延河流域乡镇进行聚类。基于聚类结果，将延河流域乡镇进行生态分区，并针对分区提出生态系统管理策略。

5.5.3　结果

5.5.3.1　基于生态系统服务和人类活动强度的区域聚类

基于各乡镇人类活动强度和生态系统服务，对延河流域乡镇进行聚类，距离系数选择 5.8～7.0（表 5-16 和图 5-18）。基于聚类结果将延河流域乡镇分为 4 类，第 1 类为中心城市型，第 2 类为城郊型，第 3 类为生态屏障型，第 4 类为偏远农业型（图 5-19）。

表 5-16　2008 年延河流域各乡镇生态系统服务和人类活动强度情况数值

乡镇	NPP 生产/ (t/hm²)	固碳释氧/ (t/hm²)	水源涵养/ (t/hm²)	土壤保持/ (t/hm²)	粮食生产/ (kg/hm²)	人类活动 强度
安沟	13.69	34.77	620.48	87.65	6.32	0.16
沿河湾	11.25	28.57	615.51	101.41	32.76	0.13
郑庄	14.38	36.53	920.46	90.30	15.57	0.13
冯庄	11.83	30.05	688.46	109.23	34.92	0.08
万花	15.27	38.78	688.36	131.73	18.97	0.10
王窑	8.97	22.79	619.79	149.06	18.36	0.06
楼坪	14.11	35.84	756.99	119.53	21.19	0.11
川口	14.52	36.89	952.28	95.31	27.57	0.11
甘谷驿	12.46	31.64	798.25	115.83	17.44	0.12

续表

乡镇	NPP生产/ (t/hm²)	固碳释氧/ (t/hm²)	水源涵养/ (t/hm²)	土壤保持/ (t/hm²)	粮食生产/ (kg/hm²)	人类活动强度
七里村	12.16	30.87	552.39	102.35	19.26	0.22
柳林	15.58	39.58	763.44	133.72	20.56	0.17
桥沟	11.42	29.01	608.76	151.28	12.18	0.52
梁村	11.96	30.39	678.59	110.96	30.91	0.12
李渠	11.83	30.06	694.71	92.69	52.08	0.20
化子坪	7.35	18.68	555.43	119.03	22.89	0.11
张家滩	12.32	31.28	736.97	101.63	8.30	0.13
河庄坪	11.47	29.14	538.31	112.70	39.32	0.16
镰刀湾	6.48	16.45	537.90	114.24	27.44	0.12
砖窑湾	11.68	29.67	665.24	114.94	16.61	0.15
建华	9.61	24.41	630.00	130.44	29.07	0.11
蟠龙	11.35	28.84	749.12	111.17	38.04	0.18
青化砭	11.65	29.59	620.46	112.39	42.89	0.28
郭旗	12.27	31.16	637.12	83.53	22.10	0.14
高桥	10.65	27.05	580.68	114.60	29.85	0.12
元龙寺	11.95	30.35	700.93	88.43	43.01	0.13
枣园	12.75	32.40	519.83	116.42	26.85	0.13
姚店	11.33	28.77	784.88	104.21	23.72	0.22
杏河	8.19	20.79	549.37	112.18	15.93	0.13
张渠	7.29	18.52	502.44	109.08	19.80	0.11
坪桥	8.67	22.02	604.93	128.33	15.18	0.08
刘家河	9.79	24.86	638.38	84.32	28.94	0.12
真武洞	10.41	26.44	636.22	120.88	31.75	0.14
黑家堡	11.05	28.07	588.47	92.02	3.44	0.14
招安	10.23	25.98	601.68	150.71	25.68	0.09
贯屯	10.69	27.15	694.69	101.39	25.22	0.11

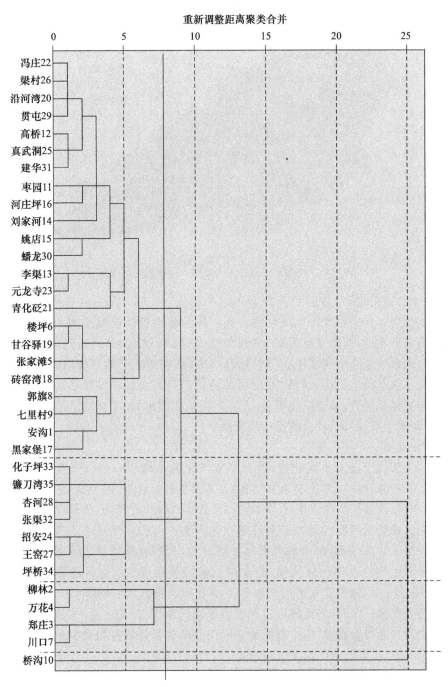

图 5-18　基于生态系统服务和人类活动强度的延河流域乡镇聚类

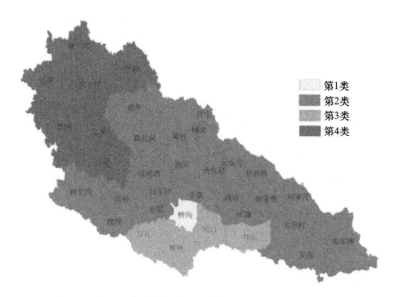

图 5-19　基于生态系统服务和人类活动强度的延河流域分类

（1）中心城市型

该类型包括延安市宝塔区城区的桥沟。作为整个延河流域中唯一的地级市城市区建成区所在地，该区域受人类干扰程度最高，HAI 高达 0.52（延河流域平均值为 0.15），生态系统服务中等水平。退耕还林以来，延安市政府为了提升环境质量，实施了一揽子生态提质工程，包括"三山两河治理""凤凰山绿化""城市亮化工程"，环境质量彻底得到提升，城市绿化明显，人居环境质量提升，城市生态环境得到根本性转变，实现了生态、经济、社会的可持续发展。

（2）城郊型

这一类型位于延安市区北部，包含了宝塔区的枣园、河庄坪、李渠、姚店、青化砭、蟠龙、甘谷驿、冯庄、元龙寺、梁村、贯屯，安塞县的真武洞、砖窑湾、沿河湾、高桥、楼坪、建华，以及延长县的七里村、黑家堡、张家滩、郭旗、刘家河、安沟 23 个乡镇，区域范围广。该类型的特点是生态系统服务和人类活动强度都是中等水平。该区域处于延安市区北部，是延河流域粮食的主要产区，且具有较强的工业基础。该区域土壤条件和水利设施都比较优越，是支撑当地民生的根本。退耕还林政策实施以来，耕地有所减少，当地农业部门积极提升农业生产技术，集约化利用土地，提高单位面积粮食产量。同时，当地政府还积极引导农民发展二、三产业，大棚蔬菜、水果、畜禽养殖等产业得以发展，生态农业的开展使当地在保证农村粮食供应和农村经济增长的情况下，也有效地保护了生态环境。

（3）生态屏障型

这一类乡镇紧邻延安市区南部，也是延河流域的南缘，包括宝塔区的柳林、万花、川口以及延长县的郑庄 4 个乡镇。该区域历来农业生产不发达，但生态基础好。

生态移民政策的实施以及紧邻市区的优势,使得大量农村人口进入城市打工。人口的减少,使得该区域人类活动强度低。同时,这一区域也是延安市乃至陕北地区的生态涵养区,其森林覆盖率在整个陕北地区都是最高的。特别是生态修复等大批生态工程的实施,使得当地的森林覆盖率进一步提升,生态系统服务的价值得以快速提升。

(4)偏远农业型

该类型位于延河流域的西北部,包括了志丹县的张渠、杏河,安塞县的招安、王窑、化子坪、坪桥、镰刀湾7个乡镇。该区域生态和农业生产资源禀赋较差,人口少,人类活动强度低,生态系统服务值也低。该区域农业与非农产业结构薄弱,社会经济比较落后;多年平均雨量低,农业比重较高,地力消耗严重;地表裸露,生态基础较差。该区域经济发展程度一般,同时又限制了农业技术的改进,其水土流失在整个流域都是最为严重的。

5.5.3.2　基于聚类分区的生态保护策略及建议

围绕延河流域生态分区,按照延河流域发展方向和土地利用开发重点,参考当地资源环境承载水平和土地开发潜力,统筹区域人类活动强度和产业结构调整,提出分区域生态保护建议(图 5-20)。

图 5-20　延河流域生态系统服务管理策略

(1)中心城市型

桥沟作为延安市主城区之一,210 国道、双拥大道、包西铁路贯穿其中,特别是延安机场坐落其中。桥沟是延安市的东大门,人口聚集、三产林立。作为当地政治经济中心,该区域应加强基础设施的建设,强化产业的规模效应和各业互补;推进非农产业升级和提质增效;加强职业培训和提供就业机会,吸纳失地农民;改善生态环境,扩大水域和绿地建设,特别是城市景观林和森林公园的建设;保护生态红线,严控农业用地,引导区域人口、资源、环境和谐发展;采用多形式生态补偿方式,平衡上下游因退耕失去耕地的农民。该区域拥有大量的自然风光和革命遗迹,充分挖掘宝塔山、凤凰山、清凉山等旅游资源,旅游反哺城市建设,土地资源以保护为主,实现城市经济可持续发展。

（2）城郊型

该区域是延河流域的粮、菜、果主产地,对保障当地国计民生具有重要的意义。应通过提升农业生产技术,增加农业投入,提高农产品产量和质量;推行少耕、免耕、秸秆覆盖等保护性措施,推广生态农业,延长地表覆盖时间,遏制水土流失;努力发展果业、畜牧业、大棚菜主导产业。

（3）生态屏障型

该区域是延河流域重要的生态屏障,对当地生态安全具有特殊意义。该区域应生态管理以保育为主,限制农业生产,持续推进向外生态移民,减少生态压力;发展生态旅游,反哺生态,"变输血为造血";土地利用规划限制用地开发,对污染企业和生态有影响企业实行搬迁;限止工业开发。

（4）偏远农业型

该区域是延河流域的重要水源地,域内有王窑水库,是整个延河流域的生命之源。该区域应禁止任何威胁生态环境及污染的土地利用方式,限制资源开发,保障生态用地类型;开展生态建设工程和环境修复工程;坡耕地完全退耕,还林以生态林和水源涵养林为主要类型;因地制宜实行生态补偿,向外生态移民,减少生态环境的压力,用地以保育和涵养为主。

5.5.4 讨论

人类活动中某些指标因难以获得而未选择,如石油煤炭的开采,导致人类活动代表性受限。野外调研获悉当地私挖滥采的现象零星存在,对生态系统的影响不容忽视,但这部分数据难以获取。生态政策方面对生态环境的影响最为重要和直接,但其定量化比较困难。人口流动数据,其统计年限往往不够完备,人口变化空间变化格局难以定量刻画。

文化景观是生态系统人文驱动的重要内容,而这部分内容往往难以定量。遥感影像只能反映出土地利用和植被覆盖的平面空间状况,难以反映文化景观的垂直面貌和微观结构。比如,窑洞作为延河流域乡村聚落的主要形式,在土地利用上很难通过遥感影像解译出来;一些历史文物和遗迹,简单地解译为建设用地,往往不能反映其综合价值,尤其是旅游和文化价值。

第6章　簇分析法在生态系统服务权衡关系研究中的应用

依据汾河上游流域生态环境以及农业生产状况,基于社会经济、自然因素、卫星遥感等数据源,综合运用 InVEST 模型、CASA 模型等方法,对土壤保持、产水服务、NPP 生产、水源涵养、粮食生产 5 种生态系统服务进行研究。采用相关分析、雷达图、簇分析方法,对生态系统服务权衡与协同关系进行分析,基于地理探测器挖掘生态系统服务驱动机制。

6.1　研究背景及生态系统服务权衡研究进展

6.1.1　研究背景及区域状况

汾河上游流域是黄土高原独特的地理单元,其独特的土壤、地貌、土地利用多样、降雨时空不均等,导致当地生态环境脆弱(苏常红 等,2018;王亚璐,2019)。汾河上游流域紧邻山西省会,人口密度大,对生态系统服务需求急剧增长,如木材、粮食等,对生态环境造成了严重压力。多年以来,粗放的土地利用方式,如毁林开荒、煤炭开采等,虽然提高了某些物质供给服务,但是土壤保持、水源涵养等调节服务受损严重。退耕还林工程的实施,使得水土流失得到一定遏制,但仍存在经济与生态发展不均衡问题。退耕导致耕地缩减,对流域农业生产形成冲击。此外,省会太原经济的发展及居民生产生活对水资源等相关生态服务的需求也持续增加。汾河作为山西的母亲河,贯穿晋北、晋中、晋西南,作为黄河的一级支流,滋养了大半个山西省;汾河上游生态环境的好坏直接关系到整个汾河流域的发展,对太原市乃至整个晋中、晋南盆地的生态起着举足轻重的作用。探究汾河上游流域生态系统服务权衡及影响因素,是流域自然—经济—社会可持续发展和管理的关键,对于流域的治理也具有重要的示范意义。有必要对汾河上游流域生态系统服务及权衡关系开展研究,为流域生态系统管理及区域可持续发展提供决策依据。

6.1.2　生态系统服务权衡及分析方法

生态系统服务不仅决定着人类福祉的稳定供给,更关乎区域生态安全和社会经济的可持续发展。人类在利用与改造自然的过程中逐渐认识到,自然资源是有限的。在资源紧张日趋严重的情况下,一种生态系统服务的供给有可能会导致其他服务的减少(苏常红 等,2012)。MA(2005)将生态系统服务划分为物质供给服务、调控服务、支持服务、文化服务。一般来说,经济发展早期,人类往往偏好于粮食生产等物质供给服务,对自然生态系统干预严重,往往导致生态系统结构紊乱、功能失调,不仅影响了当代人的利益,也会危及后代人的福祉。生态系统服务权衡与协同关系成为生态学科研究的前沿。

生态系统服务的权衡大致分为时间、空间、可逆性权衡(MA,2005)。空间权衡指某一区域生态系统服务的增强会导致其他区域生态系统服务的衰退;如长江中上游如果过度退耕还林,将导致下游发生洪水灾害(李文华,1999)。时间权衡是指当时的生态系统服务增加会导致未来生态系统服务的衰退,往往具有时滞性;如供给服务增加导致若干年后调控和支持服务的损失,典型的例子如毁林开荒短期内使食物供给增加,但对水土保持的影响则是长期的(傅伯杰 等,2016)。可逆性权衡指某些生态系统服务受损后,可能会恢复到原始状态;如化肥减少施用后,生态系统水质净化可能恢复(Rodríguez et al.,2006)。

生态系统服务权衡的定量研究方法主要包括统计学、空间分析以及情景模拟等(戴尔阜 等,2016),尤以统计学方法应用最为广泛。随着空间分析技术的发展,特别是 GIS 等软件的开发,从空间上分析生态系统服务权衡的研究越来越多。王川等(2019)基于 GeoDa 软件中局部空间自相关分析了黄土丘陵区生物多样性维持、土壤保持、产水量、碳储量和食物供给 5 种生态系统服务权衡的关系。随着 InVEST 模型等生态系统服务评估软件的开发,模拟不同情景下生态系统服务权衡关系逐渐发展起来。Kirchner 等(2015)模拟研究发现奥地利在发展农业生产的同时,调节服务和文化服务受损。Bai 等(2013)基于 InVEST 模型剖析了白洋淀农业生产、水质维持、水电 3 类不同土地管理情景下的权衡关系。Yang 等(2018)对延河流域不同生态恢复情景下的生态系统服务的权衡关系进行了研究,表明退耕还林情景对生态系统服务权衡关系的影响最大。目前,生态系统服务权衡关系研究往往将制图、空间分析、统计学 3 种方法结合来识别生态系统服务间的关系。

生态学家在空间分析和统计分析的基础上,提出了生态系统服务簇的分析方法。所谓簇,是一定空间尺度上反复出现的生态系统服务类型。目前,簇方法已广泛应用于生态系统服务关系研究中。Raudsepp-Hearne 等(2010)首次提出簇概念,并应用该方法将加拿大魁北克 13 个地区的 12 种服务分为 6 个簇;李慧蕾等(2017)采用簇分析法,研究了内蒙古自治区多重生态系统服务的权衡分析;冯兆等(2020)基于簇方法将深圳市 11 种生态系统服务归并为 6 类,识别其主导生态系统服务为水文调节,同时也证明生态系统服务簇与城市扩张有一定相关性。

6.2　汾河上游流域生态系统服务制图及时空分析

6.2.1　研究区基本状况

6.2.1.1　地理位置

汾河是黄河的第二大支流,发源于山西省宁武县管涔山雷鸣寺泉,流经山西省忻州、太原、吕梁、晋中、临汾、运城的 34 个县(市、区),是山西省内流域面积最大、长度最长的河流,干流长 716 km。汾河上游段是指管涔山至太原市尖草坪区上兰村区段,包括忻州市的宁武县、静乐县,吕梁市的岚县以及太原市的娄烦县、古交市、阳曲县和太原市尖草坪区,共 60 个乡镇、70 多万人口。地理坐标为 111°21′—112°27′E,37°51′—38°59′N,流域全长 126 km,流域总面积 5253 km²(图 6-1)。

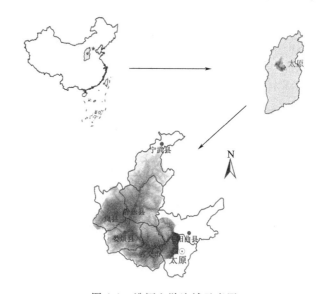

图 6-1　汾河上游流域示意图

6.2.1.2　研究区气候、地貌、土壤、植被状况

汾河上游流域属于温带大陆性季风气候,是半干旱半湿润气候过渡区;春、夏、秋、冬四季分明,春季干燥风沙大,夏季炎热多雨,秋季雨量稀少,冬季寒冷干燥。该流域年均气温 6.2～12.8 ℃,≥10 ℃ 积温 3000～3600 ℃ · d;多年平均雨量 490.7 mm,降雨年际变率大,年内分配不均,有 70% 集中在 6—9 月,雨季时有暴雨发生。汾河上游流域地貌类型多样,一般以石质山、土石山、缓坡地带、阶地河谷顺序过渡(徐博 等,2017)。独特的地貌、气候和水分状况,首先造就了汾河上游独特的

土壤类型,主要有棕壤、褐壤、草甸土3大类,尤其褐壤土是汾河流域地带性土壤,也是重要的耕作土壤;其次,还分布有钙质粗骨土。汾河上游流域植被类型多样,包含森林、草原、灌丛等多种类型。森林主要由油松、云杉、侧柏、山杨等高大乔木组成;草灌植物主要分布在1400 m以上丘陵区,包括沙棘、刺玫、胡枝子、柴胡、白羊草、紫苑等(上官铁梁 等,1999)。其中,以宁武县为中心的管涔山天然次生林为华北之最,其西部主要为针叶林、针阔混交林,其东部为阔叶林,是重要的水源涵养林和用材林基地(郭建荣 等,2019)。

6.2.1.3　研究区生态环境状况

汾河上游流域是黄土高原地区山西省北部相对独立的一个地理空间单元,是山西省会太原市以及晋中盆地重要的水资源供应地和生态屏障。流域地质环境复杂、地貌多样,降雨分布格局不均,水土流失严重,流域内分布有汾河一库和汾河二库,泥沙淤积是该区域面临的主要生态问题。流域涵盖太原北部、忻州和吕梁的部分区域,随着经济发展和人口增长,过度开荒与放牧等导致植被破坏严重,并导致严重的水土流失,年侵蚀模数达6080 t/km²,属强度侵蚀(苏常红 等,2018)。退耕还林还草工程在一定程度上改善了汾河上游生态环境,水土流失有所控制。但城镇化和工业化加剧,汾河上游流域生态环境仍然面临巨大的威胁。

6.2.1.4　研究区社会经济发展状况

农业和畜牧业是汾河上游流域的重要产业,耕地占该流域面积的42%,居民收入主要来源是粮食生产和畜牧业。耕作制度一年一熟,主要作物包括莜麦、山药、豆类、玉米、土豆等。流域矿产资源丰富,煤炭资源探明储量788亿t,矿产资源的开发、加工、运输是当地重要税收来源(解智涵,2016)。汾河上游旅游资源丰富,拥有芦芽山国家级自然保护区和汾河一库、汾河二库,对当地经济发展具有重要促进作用。

6.2.2　方法

6.2.2.1　土壤保持服务

土壤保持服务采用InVEST模型中的SDR模块进行评估,土地利用数据及对应的 C 值和 P 值见表6-1。

表6-1　不同土地利用类型对应的 C 值和 P 值

项目	林地	草地	耕地	水体	建设用地	废弃地
C 值	0.09	0.30	0.35	0.00	0.00	0.70
P 值	0.90	1.00	0.15	0.00	1.00	1.00

6.2.2.2　产水服务

产水服务采用 InVEST 模型中的 water yield 模块,基于 Budyko(1974)水热平衡原理进行计算。其中,植物可利用水参照周文佐等(2003)的方法进行计算。

6.2.2.3　NPP 生产服务

NPP 生产服务采用朱文泉等(2005,2007)修正的 CASA 模型评估。其中,ND-VI 利用 ENVI 软件计算。温度、降雨、辐射等气象数据通过气象站点数据插值获得。

6.2.2.4　水源涵养服务

水源涵养服务采用水量平衡法进行评估:

$$T_Y = \sum_{i=1}^{j} (P_i - R_i - E_{Ti} \times A_i) = \sum_{i=1}^{j} (Y_i - R_i) \tag{6-1}$$

式中:T_Y 是水源涵养量,P_i 为雨量,R_i 为地表径流量,E_{Ti} 为实际蒸散发量,A_i 为某类生态系统的面积,Y_i 为产水量,j 为生态系统类型数。径流通过降雨与径流系数的乘积获得,径流系数的确定参考黄土高原相关研究成果(李广 等,2009;卢龙彬 等,2013)。

6.2.2.5　粮食生产服务

粮食生产统一采用热量转换法进行计算。粮食可食部分比例和百克可食部分所含热量参照表 6-2(杨月欣 等,2009)。乡镇粮食产量数据从《山西省农业统计年鉴》、汾河流域各县级国家经济统计年鉴获取。总体上,生态系统服务评估需要的数据如表 6-3 所示。

表 6-2　不同食物所含热量对照表

项目	谷子	玉米	高粱	马铃薯	大豆	莜麦	胡麻籽	葵花籽	花生
可食部分/%	64	46	100	94	100	100	100	100	100
能量/kcal[①]	361	112	360	77	390	319	900	899	899

表 6-3　生态系统服务评估所需数据及来源汇总表

项目	土壤保持						产水量		NPP 生产		水源涵养		粮食生产	数据来源
	R	K	L	S	C	P	ET₀	PAWC	APAR	ε	Y	R	E 其他	
土地利用				√			√		√		√			Landsat TM(2000 年、2008 年、2015 年)
DEM		√	√		√		√				√			中国科学院数据云

---

① 1 kcal=4185.85 J,下同。

项目	土壤保持						产水量		NPP生产		水源涵养		粮食生产		数据来源
	R	K	L	S	C	P	ET_0	PAWC	APAR	ε	Y	R	E	其他	
降雨	√						√			√	√	√			中国气象数据网（http://data.cma.cn）
温度							√			√	√				
日照时数							√		√	√	√				
太阳辐射									√						
相对湿度							√			√	√				
风速							√			√	√				
气压							√			√	√				
土壤质地	√							√			√				中国土壤数据库
土壤厚度								√			√				
径流系数												√			文献检索
粮食产量													√		各级统计资料
食物热量													√		《中国食物成分表（第二版）》
可食比例													√		
行政区划			√				√		√		√		√		民政部门

注：Y 表示产水量，R 表示径流量，E 表示不同粮食作物所含热量。

6.2.3 结果

6.2.3.1 土壤保持服务

2000 年，汾河上游流域北部和西南部边缘的土壤保持服务较高，而流域中西部较低。2008 年，土壤保持服务呈现北高南低的格局，流域西南部和东南部边缘地区土壤保持服务也较高。2015 年，汾河上游流域土壤保持服务大体呈现南北高中部低的空间格局；与 2000 年和 2008 年相比，2015 年土壤保持服务的空间差异变小。2000 年、2008 年、2015 年汾河上游流域北部土壤保持服务呈现先增加后减少的态势；南部土壤保持服务则持续下降，尤其是西南部和东南部区域（图 6-2）。

从时间上来看，2000—2015 年，整个汾河上游流域土壤保持服务先增后减，分别是 236.61 t/hm² (2000 年)、263.78 t/hm² (2008 年)、181.51 t/hm² (2015 年)。宁武、静乐、阳曲 3 个县土壤保持服务与整个区域变化规律类似，为先增后减，且 2015 年小于 2000 年。太原市区位于汾河上游流域末端，土壤保持服务也表现为先增后减，3 a 分别为 208.88 t/hm² (2000 年)、232.90 t/hm² (2008 年)、214.02 t/hm² (2015 年)，且 2015 年高于 2000 年。岚县和娄烦县土壤保持服务 3 a 持续走低。与其他区域不一样，古交市土

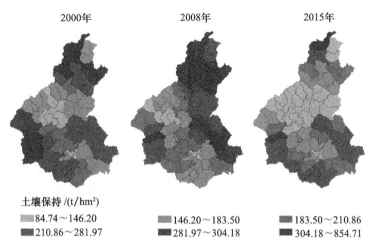

土壤保持 /(t/hm²)

▨ 84.74～146.20	▨ 146.20～183.50	▨ 183.50～210.86
▨ 210.86～281.97	▨ 281.97～304.18	▨ 304.18～854.71

图 6-2　2000—2015 年汾河上游流域土壤保持服务空间上的分布格局

壤保持服务呈现先减后增的趋势,土壤保持量由 208.66 t/hm²(2000 年)降低到 184.66 t/hm²(2008 年),后又增加到 194.90 t/hm²(2015 年)(图 6-3)。

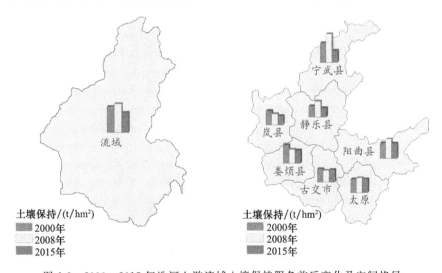

土壤保持 /(t/hm²)

▨ 2000年
▨ 2008年
▨ 2015年

图 6-3　2000—2015 年汾河上游流域土壤保持服务前后变化及空间格局

6.2.3.2　产水服务

2000 年,产水服务高值区位于流域东北部和南部边缘极小部分,低值区位于流域的东南部。与 2000 年相比,2008 年各乡镇间产水服务差异变小,除东北部个别乡镇和南部以及西南部边缘部分乡镇产水服务值较高以外,其他区域与高值区差异变小。2015 年,除中南部偏东部分乡镇产水服务值较低外,其他区域产水服务值都普遍较高。3 a 产水服务的共同趋势为:产水服务高值区主要围绕流域北部及南部边

83

缘,且随时间的推移,产水服务高值区范围有所增大;而 3 a 产水服务低值区主要在
流域东南部,且低值区产水服务值总体上有所提高(图 6-4)。

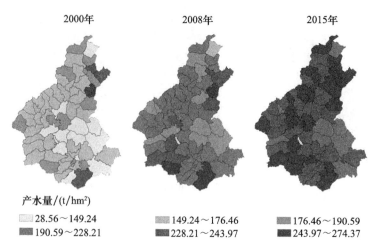

图 6-4　2000—2015 年汾河上游流域产水服务空间上的分布格局

从时间上来看,3 a 产水服务持续上升,2000 年、2008 年、2015 年分别为158.56 t/hm²、
212.08 t/hm²、239.80 t/hm²。流域各县(市、区)产水服务均持续增加,尤以宁武县
增加最为明显。太原市区产水服务由 150.29 t/hm² 增加到 229.19 t/hm²,增加了
78.90 t/hm²(图 6-5)。

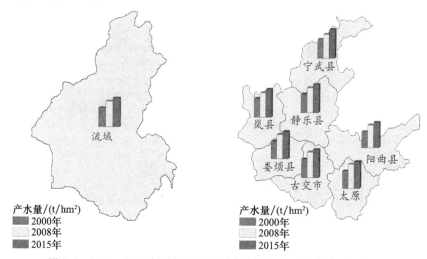

图 6-5　2000—2015 年汾河上游流域产水服务前后变化及空间格局

6.2.3.3　NPP 生产服务

2000 年,汾河上游流域北部和西南部边缘 NPP 生产服务值较高,而流域中部较
低。2008 年,NPP 生产服务高值区有所扩大,主要集中在流域北部、东南部、西南

部,而 NPP 生产服务低值区主要位于流域中部偏西北部。2015 年,整个汾河上游流域 NPP 生产服务高值区分布范围进一步扩大,区域差异变小。总体上,3 个时期流域北部和西南部边缘 NPP 生产服务较高,且高值区逐渐增大,而 NPP 生产服务低值区集中在流域中部偏西北部,且低值区范围减小(图 6-6)。

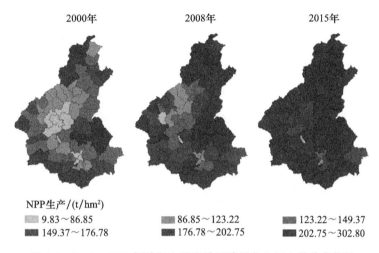

图 6-6　2000—2015 年汾河上游流域固碳服务空间上的分布格局

从时间上来看,2000—2015 年整个汾河上游流域各县(市、区)的 NPP 固碳服务均呈增加趋势。2000 年、2008 年、2015 年的碳固定服务平均值分别为 149.77 t/hm²、189.78 t/hm²、221.61 t/hm²(图 6-7)。

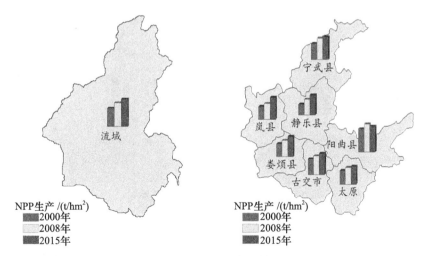

图 6-7　2000—2015 年汾河上游流域碳固碳服务前后变化及空间格局

6.2.3.4　水源涵养服务

2000 年,水源涵养服务总体呈现出自西北向东南逐渐降低的态势。与此类似,

85

2008 年和 2015 年,水源涵养服务也呈现西部和北部高、东南部低的格局。2008 年和 2015 年,水源涵养服务的高值区范围持续扩大,流域东南部低值区的范围缩小,总体上流域水源涵养服务均有所增长(图 6-8)。

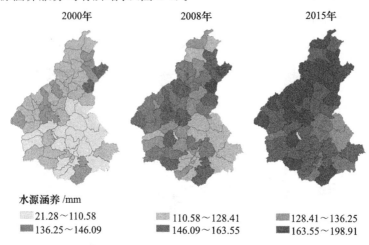

图 6-8　2000—2015 年汾河上游流域水源涵养服务空间上的分布格局

从时间上来看,2000 年、2008 年、2015 年,汾河上游流域平均水源涵养服务持续增长,分别为 97.75 mm、138.86 mm、159.96 mm。各县(市、区)水源涵养服务也随时间的推移而增长,尤其是流域北端宁武县水源涵养增长量达 65.04 mm。太原市区水源涵养量从 87.17 mm 增长到 146.06 mm,增长了 58.89 mm(图 6-9)。

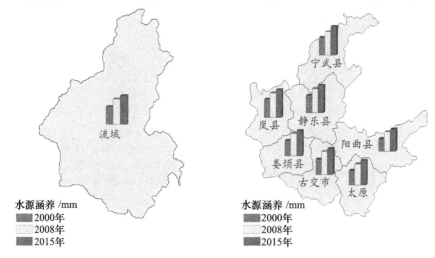

图 6-9　2000—2015 年汾河上游流域水源涵养服务前后变化及空间格局

6.2.3.5　粮食生产服务

2000 年,汾河上游流域西部和东南部粮食生产服务较高,而北部和南部部分地区粮食生产服务较低。与之类似,2008 年,粮食生产高值区也分布于流域西部和东南部,低值区位于南部和北部。2015 年,粮食生产高值区位于流域中西部,且范围逐渐扩大,南部和北部粮食生产服务较低(图 6-10)。

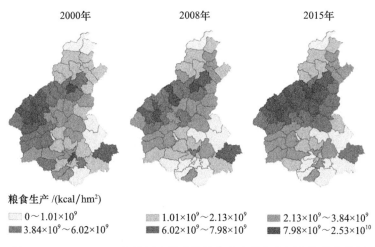

图 6-10　2000—2015 年汾河上游流域粮食生产服务空间上的分布格局

从时间上来看,整个流域粮食生产服务呈现先减后增的趋势。2000 年,粮食生产服务为 3.67×10^9 kcal/hm²。到 2008 年,粮食生产服务下降为 2.96×10^9 kcal/hm²,表明退耕后,粮食生产有所缩减。2015 年,粮食生产服务增加到 3.71×10^9 kcal/hm²。随着农业技术的投入,在耕地面积减少的情况下,2015 年粮食生产能力仍然超过了 2000 年。岚县、娄烦县、古交市、阳曲县的粮食生产变化趋势与整个流域相似,也呈现先减后增的趋势。岚县作为汾河上游粮食主产区,3 a 的粮食平均产量分别为 9.79×10^9 kcal/hm²、5.38×10^9 kcal/hm²、7.76×10^9 kcal/hm²。阳曲县粮食平均产量分别为 4.66×10^8 kcal/hm²、3.70×10^8 kcal/hm²、5.32×10^8 kcal/hm²,在流域内处于较低的水平。宁武县和静乐县作为纯农业区,粮食生产服务呈逐渐增大趋势;而太原市的尖草坪区和万柏林区,伴随着城市扩张,粮食生产逐年缩减(图 6-11)。

6.2.4　讨论

总体上来看,流域北部的土壤保持、产水服务、NPP 生产、水源涵养服务均较高。该区域林草覆盖率高,除有效减少了土壤流失外,还减少了蒸散发,保持了较强的蓄水功能。流域中西部土壤保持服务较低,该区域土地利用以城镇建设用地和农业用地为主,人口密度和土地利用强度大,导致土壤流失较重。2000—2015 年,产水服务整体提高,一是由于退耕还林还草减少了水分蒸散发,二是降雨增加也是产水服务提高的主要原因。对于水源涵养来说,流域东南部人口数量大,以耕地和

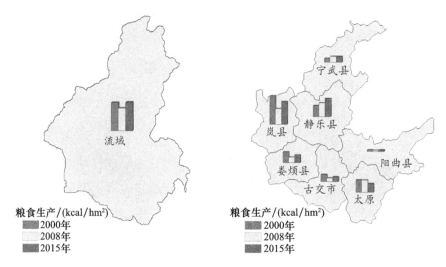

图 6-11　2000—2015 年汾河上游流域粮食生产服务前后变化及空间格局

建设用地为主,相应的地表径流也大,分配给地下水的份额减少,导致水源涵养减少;此外,退耕还林还草使植被覆盖增强,地表蒸散发也随之减少,有效地提高了水源涵养服务。

与土壤保持、产水服务、水源涵养 3 种调控类型服务相比,粮食生产作为重要的物质生产服务,显示出不同的时空格局。3 a 粮食生产服务高值区都集中在流域西部,该区域耕地面积占比高,是主要的农业耕作区。除西部的岚县外,太原市的尖草坪区粮食生产服务也相对较高。粮食生产服务较低的区域主要位于流域北部的宁武县。作为汾河源头,宁武县主要为林区,著名的芦芽山国家级保护区就位于该县境内;该县耕地面积比较小,粮食生产规模不大。随时间变化,流域南部粮食生产服务降低趋势明显,可能是因为退耕还林还草工程的实施,导致了耕地面积减小,粮食产量缩减。

6.3　基于簇的汾河上游流域生态系统服务权衡分析

在土壤保持、产水服务、水源涵养、NPP 生产、粮食生产服务评估基础上,采用簇的方法,分析各县(市、区)、不同地类(土地利用类型)生态系统服务权衡与协同关系;对生态系统服务权衡与协同关系的空间格局进行分析,揭示生态系统服务簇的内部结构和分布。

6.3.1　方法

综合采用相关性分析、雷达图分析、生态系统服务簇分析,对不同生态系统服务类型的权衡与协同关系进行研究。

6.3.1.1　传统定性与定量分析方法

以乡镇为基本单元,对不同生态系统服务进行分区统计,采用 Min-Max 方法对数据进行标准化,再在 SPSS 软件中进行皮尔逊相关性分析。当两种服务间相关系数为负,且显著性检验 P 值小于 0.05 时,则认为两种服务为权衡关系;反之,相关系数为正,则认为是协同关系(Jopke et al.,2015;林世伟,2016)。雷达图分析常用来比较多个变量的关系,可以清晰、直观地反映生态系统服务间的相互关系和结构。采用 Excel 分析功能,以 2000 年生态系统服务为基准,利用雷达图展示不同生态系统服务间的权衡与协同关系。

6.3.1.2　簇分析法

簇可以分析多重生态系统服务在时空上的集聚情况,进而分析生态系统服务权衡关系。该方法既可以了解不同生态系统服务的关系结构,还可以明确生态系统服务权衡的空间分布情况。书中,生态系统服务以乡镇为基本单元,每个乡镇均可以看作是一个生态系统服务簇。邻近乡镇在自然因素和社会因素之间相似,采用 K 均值聚类的方法进行生态系统服务簇的分类;簇的分类数目一般控制在4~7类。

6.3.2　结果

6.3.2.1　生态系统服务相关性分析

2000 年、2008 年、2015 年,土壤保持服务与粮食生产服务呈现极显著负相关,且随时间推移相关性逐渐增强,相关系数分别为 −0.537(2000 年)、−0.659(2008 年)、−0.674(2015 年)。产水服务与 NPP 生产服务呈显著正相关,相关系数逐渐增加,分别为 0.394(2000 年)、0.567(2008 年)、0.856(2015 年)。产水服务与水源涵养服务呈极显著正相关,相关系数分别为 0.878(2000 年)、0.901(2008 年)、0.941(2015 年)。NPP 生产服务与粮食生产服务呈极显著负相关,而与水源涵养服务呈显著正相关。产水服务分别与粮食生产服务和土壤保持服务呈正相关,但未达显著水平。水源涵养服务与土壤保持服务呈正相关,且相关系数随时间推移逐渐增加,但仅 2015 年达显著水平(图 6-12)。

从整个流域、县(市、区)、地类 3 个尺度,对 2000 年、2008 年、2015 年土壤保持、产水、NPP 生产、水源涵养、粮食生产 5 种服务的权衡与协同关系进行分析。

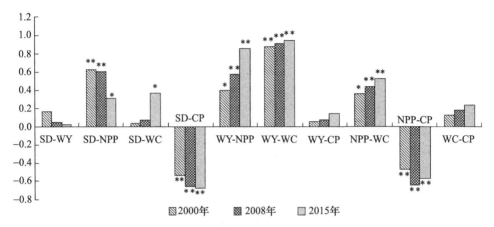

图 6-12 2000—2015 年汾河上游流域生态系统服务相关性随时间的变化情况
（SD、WY、NPP、WC 和 CP 分别为土壤保持服务、产水服务、
NPP 生产服务、水源涵养服务和粮食生产服务，下同）

6.3.2.2 流域尺度下生态系统服务的权衡与协同关系

以 2000 年的生态系统服务为基准，设定为 1，利用雷达图刻画 5 种生态系统服务权衡与协同关系（图 6-13）。2000—2008 年，整个流域土壤保持服务、产水服务、NPP 生产服务、水源涵养服务表现为同增的协同关系。同一时期，粮食生产服务有所减少，与土壤保持服务、产水服务、NPP 生产服务、水源涵养服务呈现权衡关系。2008—2015 年，粮食生产服务增加，土壤保持服务有所降低，二者呈现此消彼长的权衡关系；同时，粮食生产服务与产水服务、NPP 生产服务、水源涵养服务呈现同增的协同关系。从整个研究期间（2000—2015 年）来看，土壤保持服务与产水服务、NPP 生产服务、水源涵养服务、粮食生产服务呈现权衡的关系。

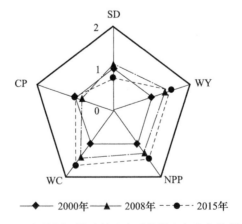

图 6-13 2000—2015 年汾河上游流域生态系统服务权衡与协同的关系变化情况

6.3.2.3　县(市、区)尺度下生态系统服务的权衡与协同关系

不同县(市、区)生态系统服务的权衡与协同关系有所差异。同样以 2000 年生态系统服务为基准(设为 1),将 2008 年、2015 年生态系统服务情况与 2000 年相比较,分析不同县(市、区)的权衡与协同关系(图 6-14)。

(1)宁武县、静乐县生态系统服务权衡与协同关系

2000—2008 年,位于汾河上游流域北部的宁武县和静乐县的土壤保持、产水、NPP 生产、水源涵养、粮食生产 5 种服务均呈现同步增加的协同关系,但增加幅度有所不同。宁武县的水源涵养服务增幅较大,而静乐县的粮食生产服务和 NPP 生产服务增幅较大。2008—2015 年,宁武县的土壤保持服务降低,与另外 4 种生态系统服务呈现权衡关系。2000—2015 年,宁武县产水、NPP 生产、粮食生产、水源涵养 4 种服务呈现协同关系,同时,这 4 种服务与土壤保持服务呈现权衡关系。

(2)阳曲县生态系统服务权衡与协同关系

2000—2008 年,阳曲县粮食生产服务有所降低,同一时期,土壤保持、产水、NPP 生产、水源涵养 4 种服务有所增加,尤其是水源涵养服务和产水服务增幅最大;粮食生产服务和其他 4 种服务呈现权衡关系。2008—2015 年,阳曲县土壤保持服务与 NPP 生产服务呈现同减的协同关系,同一时期,粮食生产服务、产水服务、水源涵养服务为同增的协同关系;前者(土壤保持服务、NPP 生产服务)与后者(粮食生产服务、产水服务、水源涵养服务)呈现权衡关系。2000—2015 年,阳曲县土壤保持服务与其他 4 种服务表现为权衡关系。

(3)娄烦县、岚县生态系统服务权衡与协同关系

2000—2008 年,娄烦县和岚县土壤保持服务与粮食生产服务呈现出同减的协同关系,而产水服务、NPP 生产服务、水源涵养服务呈现出同增的协同关系;前者(土壤保持服务、粮食生产服务)与后者(产水服务、NPP 生产服务、水源涵养服务)则呈现出权衡关系。2008—2015 年,娄烦县和岚县粮食生产服务和 NPP 生产服务增加明显,而娄烦县和岚县土壤保持服务有所降低,土壤保持服务与其他 4 种生态系统服务呈现出权衡的关系。2000—2015 年,岚县和娄烦县土壤保持服务和粮食生产服务呈现同减的协同关系,产水服务、NPP 生产服务、水源涵养服务表现为同增的协同关系;前(土壤保持服务、粮食生产服务)后(产水服务、NPP 生产服务、水源涵养服务)两者则呈现出权衡的关系。

(4)太原市区生态系统服务权衡与协同关系

2000—2008 年,太原市区粮食生产服务略有降低,而土壤保持服务、产水服务、NPP 生产服务、水源涵养服务增加明显,尤其是水源涵养服务与产水服务的增加最为明显;粮食生产服务与其他 4 种服务呈现出明显的权衡关系。2008—2015 年,土壤保持服务降低,与粮食生产服务形成了同减的协同关系,同一时期,产水服务、NPP 生产服务、水源涵养服务则呈现同增的协同关系,前者(土壤保持服务、粮食生

产服务)与后者(产水服务、NPP 生产服务、水源涵养服务)呈现出权衡的关系。2000—2015 年,太原市区粮食生产服务降低,其他 4 种服务则呈现同增的协同关系,粮食生产与其他 4 种生态系统服务呈现权衡关系。

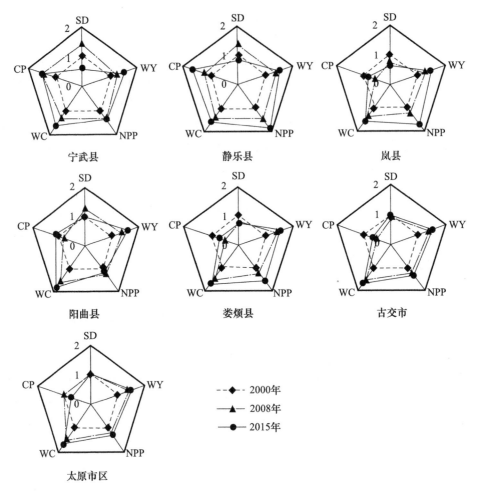

图 6-14 2000—2015 年各县(市、区)生态系统服务权衡与协同的关系变化情况

6.3.2.4 不同土地利用类型生态系统服务的权衡与协同关系

土地利用是影响生态系统服务及权衡与协同关系的重要因素。汾河上游流域主要土地利用类型包括林地、草地、耕地、城市聚落用地、水体、废弃地。按面积来算,林地、草地、耕地占比最高。这里对林地、草地、耕地 3 种土地利用类型的生态系统服务进行研究。采用 ArcGIS 软件中的分区统计模块,将不同生态系统服务分区统计到林地、草地、耕地,得到这 3 种土地利用类型不同年份的生态系统服务价值(表 6-4)。

表 6-4　2000—2015 年汾河上游流域不同土地利用类型对应的生态系统服务价值

土地利用类型—年份	SD /(t/hm²)	WY /(t/hm²)	NPP /(t/hm²)	WC /mm	CP /(kcal/hm²)
林地—2000 年	251.16	158.62	161.61	97.03	2.84×10^9
林地—2008 年	276.15	213.35	198.71	104.05	2.40×10^9
林地—2015 年	187.96	240.19	225.01	100.04	3.33×10^9
草地—2000 年	216.06	159.62	135.53	137.98	4.35×10^9
草地—2009 年	247.18	210.97	179.20	142.46	3.64×10^9
草地—2015 年	159.85	241.70	221.23	139.55	4.45×10^9
耕地—2000 年	223.96	156.55	128.93	159.92	6.97×10^9
耕地—2008 年	228.98	210.73	162.51	164.99	4.73×10^9
耕地—2015 年	176.08	239.45	213.91	161.47	5.41×10^9

以 2000 年各土地利用类型的生态系统服务为基准(设为 1),采用雷达图对不同土地利用类型的生态系统服务权衡与协同关系进行分析(图 6-15)。林地和草地的生态系统服务具有类似的特征,其土壤保持服务在整个研究期间呈现先增后减的格局;而粮食生产服务则与之相反,呈现先减后增的趋势。林地和草地的土壤保持服务和粮食生产服务呈现权衡关系。林地和草地的产水服务与 NPP 生产服务表现为同增的趋势;水源涵养服务则呈现先增后减的趋势,其与其他服务类型的权衡与协同关系随时间不同而变化。对于耕地来说,产水服务和 NPP 生产服务呈现协同关系;土壤保持服务和粮食生产服务在 2000—2008 年呈现权衡关系,在 2008—2015 年呈现协同关系,在整个研究期间(2000—2015 年)则呈现协同关系(董敏,2020)。

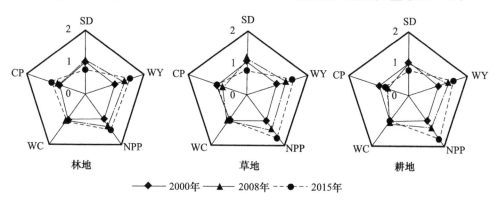

图 6-15　2000—2015 年林地、草地、耕地不同生态系统服务权衡与协同的关系变化情况

总体来看,耕地的粮食生产服务减少最为剧烈,可能是随着退耕还林政策的实施,耕地面积大为减少,粮食生产功能减退;林地的 NPP 生产服务与产水服务增加较

为突出,二者有相互增益的协同趋势。

6.3.2.5 生态系统服务簇类群分析

(1)2000年

①第1类生态系统服务簇由4个乡镇组成,分别是流域北部宁武县的涔山和东寨,娄烦县的盖家庄和米峪,该生态系统服务簇为产水(0.77)、NPP生产(0.73)、土壤保持(0.71)、水源涵养(0.41)、粮食生产(0.10)型结构。其中,土壤保持、产水、NPP生产3种服务表现突出,高于研究区平均水平。水源涵养服务处于中等水平,粮食生产服务最低(董敏,2020)。第1类生态系统服务簇分布区域植被盖度大,土壤保持和NPP生产为所有生态系统服务簇中最大的(图6-16)。

②第2类生态系统服务簇由34个乡镇组成,占研究区总乡镇数的56%。空间分布比较集中,位于流域的中西部、南部以及北部。总体呈现为产水(0.77)、水源涵养(0.47)、NPP生产(0.25)、土壤保持(0.14)、粮食生产(0.12)型结构。其中,产水服务和水源涵养高于流域的平均水平;而NPP生产、土壤保持、粮食生产3种服务低于流域的平均水平(董敏,2020)。该类生态系统服务簇的分布区面积较大,由于建筑区域较大,人类干扰剧烈,生态系统服务的供给能力相对较弱(图6-16)。

③第3类生态系统服务簇只有2个乡镇,面积最小且分散,其生态系统服务情况为粮食生产(0.77)、产水(0.74)、水源涵养(0.45)、NPP生产(0.38)、土壤保持(0.33)(董敏,2020)。该区域耕地面积大,粮食生产服务最高,粮食生产服务和产水服务高于全区的平均水平;水源涵养服务、NPP生产服务以及土壤保持服务均低于区域平均水平(图6-16)。

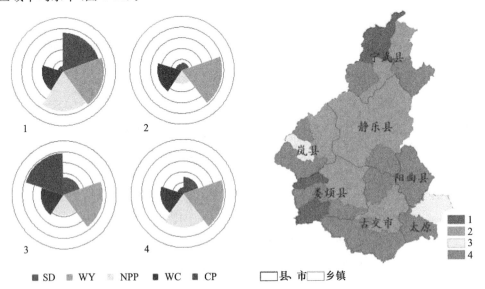

图 6-16　2000年汾河上游流域生态系统服务簇的空间格局

④第 4 类生态系统服务簇主要分布在流域西南缘、东南部、北部,共有 21 个乡镇,占全部乡镇数的 34%。其生态系统服务情况为产水(0.77)、NPP 生产(0.63)、水源涵养(0.44)、土壤保持(0.30)、粮食生产(0.11)(董敏,2020)。后 3 种服务低于区域平均水平。该类簇以草地、林地为主要土地利用类型,产水服务最为突出(图 6-16)。

(2)2008 年

①第 1 类生态系统服务簇由 2 个乡镇组成,分布在流域北部宁武县的涔山以及东寨。其生态系统服务分布结构为 NPP 生产(0.95)、土壤保持(0.83)、产水(0.81)、水源涵养(0.70)、粮食生产(0.10)(董敏,2020)。其中,粮食生产服务最低,低于区域平均水平。其余 4 种生态系统服务高于区域平均水平(图 6-17)。

②第 2 类生态系统服务簇包括 30 个乡镇,在所有簇中面积最大,占全部乡镇数的 49%,位于流域的西部和南部。该生态系统服务簇分布结构为产水(0.85)、水源涵养(0.78)、NPP 生产(0.46)、粮食生产(0.19)、土壤保持(0.11)(董敏,2020)。产水、水源涵养、NPP 生产 3 种生态系统服务高于流域的平均水平,粮食生产、土壤保持 2 种服务低于平均水平。该类生态系统服务簇的总体供给能力最低(图 6-17)。

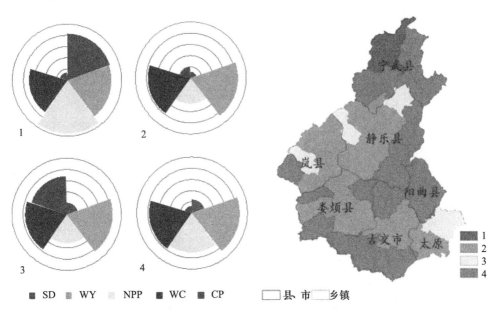

图 6-17　2008 年汾河上游流域生态系统服务簇的空间格局

③第 3 类生态系统服务簇只有 4 个乡镇,分别是静乐县的杜家村和王村、岚县的普明和太原市尖草坪,分布格局比较分散。其生态系统服务簇的结构为产水(0.84)、水源涵养(0.76)、粮食生产(0.68)、NPP 生产(0.52)、土壤保持(0.21)(董敏,2020)。其中,前 3 种服务高于流域的平均水平。该类生态系统服务簇中,粮食生

产服务为所有生态系统服务簇中最高(图 6-17)。

④第 4 类生态系统服务簇主要分布在流域西南缘和东部地区,由 25 个乡镇组成,其生态系统服务结构为产水(0.86)、水源涵养(0.78)、NPP 生产(0.70)、土壤保持(0.24)、粮食生产(0.13)(董敏,2020)。其中,前 3 种服务高于流域平均值,后 2 种服务低于平均值(图 6-17)。

(3)2015 年

①第 1 类生态系统服务簇分布在流域南北边缘,由 20 个乡镇组成,其生态系统服务结构呈现为:NPP 生产(0.82)、水源涵养(0.76)、产水(0.74)、土壤保持(0.60)、粮食生产(0.18)(董敏,2020)。除粮食生产服务外,其他生态系统服务均高于研究区平均水平。该类簇支持服务与调节生态系统服务均较强,而供给服务则较弱,属于流域生态环境较为优良的区域(图 6-18)。

②第 2 类生态系统服务簇分布比较集中,主要分布在流域的中西部,由 21 个乡镇组成,其生态系统服务簇的结构为水源涵养(0.81)、产水(0.74)、NPP 生产(0.73)、粮食生产(0.58)、土壤保持(0.19)(董敏,2020)。水源涵养服务、产水服务、NPP 生产服务高于流域平均值(图 6-18)。

③第 3 类生态系统服务簇由 2 个乡镇组成,分别是静乐县的赤泥洼和太原市的尖草坪。其生态系统服务簇的结构为粮食生产(0.90)、水源涵养(0.70)、产水(0.69)、NPP 生产(0.68)、土壤保持(0.65)(董敏,2020)。该类簇的土壤保持服务相对较弱,但仍处于中等水平;其他 4 种服务高于流域平均值。该类簇的生态系统服务供给能力均强于其他簇(图 6-18)。

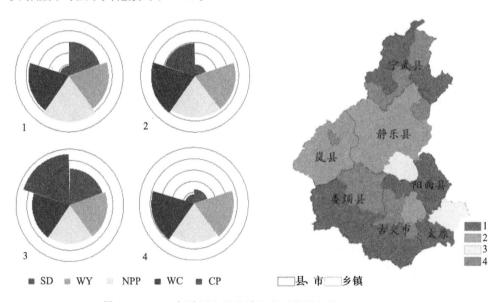

图 6-18 2015 年汾河上游流域生态系统服务簇的空间格局

④第 4 类生态系统服务簇分布较散,包括流域南部和北部部分地区共 18 个乡镇。其生态系统服务结构为水源涵养(0.78)、产水(0.73)、NPP 生产(0.68)、土壤保持(0.26)、粮食生产(0.16)(董敏,2020)。总体上,这一类簇的供给能力弱于其他簇,尤其是粮食生产和土壤保持低于研究区平均水平(图 6-18)。

6.3.3　讨论

生态系统服务权衡与协同关系分析表明,2000 年、2008 年、2015 年,粮食生产、土壤保持、NPP 生产呈显著负相关;产水、NPP 生产、水源涵养、土壤保持呈显著正相关。支持服务与调节服务在空间上呈现出共同增益的协同关系。

分县(市、区)分析表明,支持服务、调节服务、物质供给服务之间的关系在不同县(市、区)间存在明显的差异,既可能是权衡关系,也可能是协同关系。如流域北部宁武县和静乐县多种服务呈现同增同减的协同关系。对于流域西部的娄烦县和岚县来说,生态系统服务大致分为两组,第一组是粮食生产服务和土壤保持服务,第二组是产水服务、NPP 生产服务和水源涵养服务,组内呈现协同关系,而组间则呈现权衡关系。

生态系统服务簇的空间分布与土地利用存在某些关联。土壤保持服务和 NPP 生产服务集中在林地和草地覆盖度较高的流域北部,而粮食生产服务主要集中在耕地面积集中的区域,如太原市尖草坪区、岚县和静乐县的部分地区。流域中相当大的区域,支持服务和调控服务均较低,如岚县、静乐县和娄烦县等,这些区域人口密度较大,建筑用地和耕地面积占比较高,人类干扰强度较高。生态系统服务簇的空间格局分析有利于为管理者提出有针对性的生态系统管理策略。

6.4　基于地理探测器的流域生态系统服务影响因素识别

生态系统服务的变化受多种因素综合影响,这里选取降雨、温度、太阳辐射、日照时数等自然因素以及人口数量、耕地面积等社会经济指标,采用地理探测器模型分析各因素对生态系统服务的影响程度大小,在此基础上筛选出不同生态系统服务的主导影响因子。

6.4.1　方法

选取降雨、温度、太阳辐射、日照时数、人口数量、耕地面积等作为生态系统服务影响因素的备选因素,采用 K 均值聚类方法对数据进行分类,并进行空间分区。采用地理探测器通过空间分异特征来探测驱动因素和生态系统服务的共轭性,依此对不同因素的影响程度进行衡量,以 q 值(决定力)表示(王劲峰 等,2017;Wang et al.,2010,2012)。

6.4.2 结果

6.4.2.1 驱动因素时空变化

(1)自然因素

自然因素包括降雨、温度、太阳辐射、日照时数 4 个方面。降雨逐渐增加,从 372.94 mm(2000 年)增加到 442.38 mm(2008 年),再增加到 469.39 mm(2015 年);空间上,各时期降雨均呈现出南高北低的趋势。平均温度先减后增,2000 年、2008 年、2015 年的平均温度分别为 8.82 ℃、8.65 ℃、9.68 ℃;空间上,各时期平均温度均呈现出西北—东南逐渐增加的格局。平均太阳辐射呈先减后增的趋势,2000 年、2008 年、2015 年的平均太阳辐射分别为 5236.63 MJ/m²、5230.36 MJ/m²、5132.30 MJ/m²;3 a 的太阳辐射空间格局有所不同,2000 年和 2008 年为西北高、东南低,2015 年则呈现南高北低的格局。平均日照时数先减后增,2000 年、2008 年、2015 年的平均日照时数分别为 1900.71 h、1860.21 h、2040.51 h;空间上,日照时数呈现西北—东南增加的格局(图 6-19 和图 6-20)。

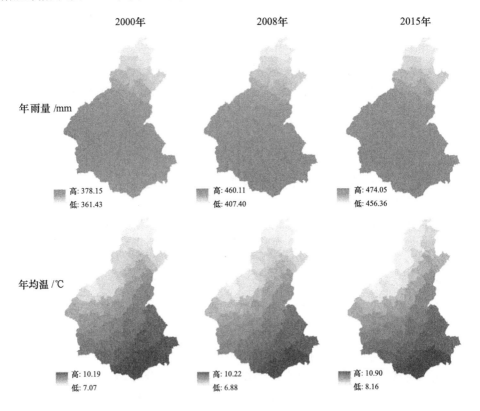

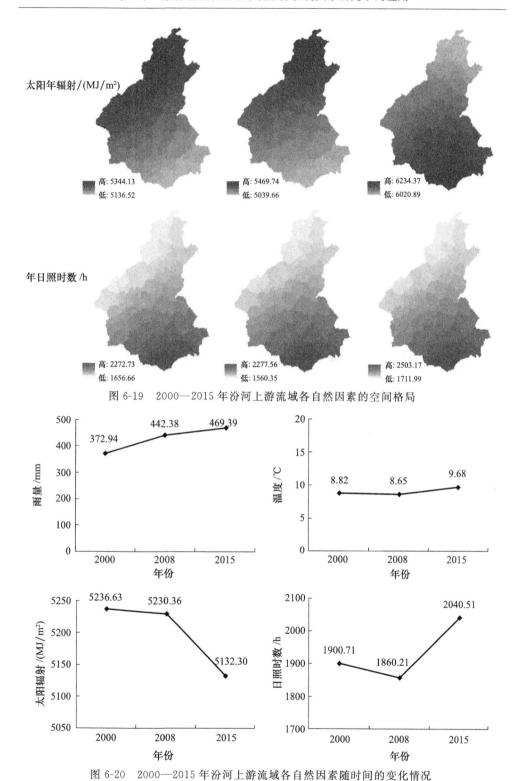

图 6-19　2000—2015 年汾河上游流域各自然因素的空间格局

图 6-20　2000—2015 年汾河上游流域各自然因素随时间的变化情况

（2）人文因素

人文因素选取了耕地面积和人口数量。该数据以乡镇为基本单元，从统计资料中获取。退耕还林期间，耕地面积经历了大幅降低，2015年，耕地面积略有恢复。2000年、2008年、2015年，平均耕地面积分别为3.64万亩、2.90万亩、2.98万亩。3 a耕地面积的空间格局基本相同，集中在流域西部和东南部。2000年、2008年、2015年，流域人口数量呈递增态势，分别为4.01万人、4.18万人、5.07万人。3 a人口数量的空间格局相似，流域中西部和东南部人口密度较高（图6-21和图6-22）。

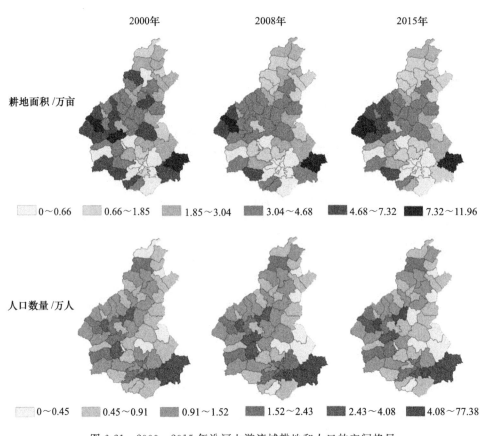

图6-21 2000—2015年汾河上游流域耕地和人口的空间格局

6.4.2.2 基于地理探测器的生态系统服务驱动因素识别

（1）土壤保持服务的影响因素

2000年，土壤保持服务各因素的 q 值分别为雨量（0.56）、太阳辐射（0.43）、人口数量（0.17）、温度（0.16）、耕地面积（0.10）、日照时数（0.05）；其中，降雨和太阳辐射是土壤保持服务的主要影响因素。2008年，各影响因素的 q 值分别为雨量（0.69）、

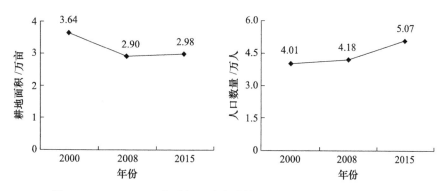

图 6-22　2000—2015 年汾河上游流域耕地和人口随时间的变化情况

耕地面积(0.36)、温度(0.34)、太阳辐射(0.31)、人口数量(0.25)、日照时数(0.18);降雨在土壤保持服务的分布格局中起主要作用,其次是耕地面积、温度和太阳辐射。2015 年,土壤保持服务的影响因素 q 值分别为雨量(0.37)、太阳辐射(0.24)、日照时数(0.23)、温度(0.22)、人口数量(0.15)、耕地面积(0.12);土壤保持服务主要受自然因素的影响。综合来看,3 a 降雨始终是土壤保持服务的决定性因素,其决定力随时间推移先增大再减小。此外,2008 年耕地也是影响土壤保持服务的决定因素(图 6-23)。

(2)产水服务的影响因素

2000 年,产水服务的各因素 q 值分别为雨量(0.57)、人口数量(0.39)、温度(0.27)、日照时数(0.26)、太阳辐射(0.24)、耕地面积(0.14);降雨和人口数量是影响产水服务的主要因素。2008 年,各因素 q 值分别为雨量(0.41)、人口数量(0.26)、温度(0.23)、日照时数(0.19)、太阳辐射(0.18)、耕地面积(0.13);与 2000 年类似,2008 年产水服务主要影响因素也是降雨和人口数量。2015 年,产水服务各因素 q 值分别为雨量(0.74)、温度(0.36)、耕地面积(0.26)、日照时数(0.22)、太阳辐射(0.16)、人口数量(0.14);与其他年份不同,2015 年除降雨外,温度对产水服务的作用突显出来。综合来看,3 a 产水服务的主要影响因素为降雨,其决定力先减小后增大。2000 年和 2008 年,除降雨外,温度和人口数量对产水服务的影响作用也逐渐显现(图 6-23)。

(3)NPP 生产服务的影响因素

2000 年,NPP 生产服务的各因素 q 值分别为日照时数(0.50)、人口数量(0.37)、太阳辐射(0.30)、温度(0.21)、雨量(0.17)、耕地面积(0.12);日照时数、人口数量、太阳辐射是影响 NPP 生产服务分布的主要因素。2008 年,NPP 生产服务各因素 q 值分别为日照时数(0.45)、太阳辐射(0.25)、雨量(0.22)、人口数量(0.21)、耕地面积(0.18)、温度(0.17);NPP 生产服务的主要驱动因素是日照时数。2015 年,NPP 生产服务的各因素 q 值分别为日照时数(0.57)、耕地面积(0.40)、太阳辐射

（0.25）、温度（0.24）、人口数量（0.19）、雨量（0.10）；除日照时数外，耕地面积对NPP生产服务的影响逐渐显现出来。综合分析表明，3 a 日照时数和太阳辐射是影响 NPP 生产服务的两个重要因素，除此之外，耕地面积也是一个重要的影响因素（图 6-23）。

（4）水源涵养服务的影响因素

2000 年，水源涵养服务的各因素 q 值分别为雨量（0.55）、日照时数（0.45）、温度（0.37）、人口数量（0.28）、太阳辐射（0.23）、耕地面积（0.12）；降雨和日照时数是水源涵养服务的主要影响因素。2008 年，各因素 q 值分别为人口数量（0.46）、雨量（0.40）、日照时数（0.28）、温度（0.21）、耕地面积（0.18）、太阳辐射（0.10）；人口数量对水源涵养服务的影响比较严重。2015 年，各因素 q 值分别为雨量（0.67）、温度（0.36）、日照时数（0.35）、耕地面积（0.28）、人口数量（0.19）、太阳辐射（0.12）；降雨和温度是水源涵养服务的主要影响因素。综合分析表明，3 a 降雨是影响水源涵养服务的主要因素，其次是温度和日照时数。此外，2008 年，人口数量对水源涵养服务的影响也不容忽视，表明人文因素是驱动水源涵养服务的重要因素（图 6-23）。

（5）粮食生产服务的影响因素

2000 年，粮食生产服务的各因素 q 值分别为耕地面积（0.84）、人口数量（0.34）、雨量（0.25）、太阳辐射（0.19）、温度（0.18）、日照时数（0.06）；耕地面积是粮食生产服务的最关键影响因素。2008 年，各影响因素 q 值分别为人口数量（0.49）、耕地面积（0.48）、雨量（0.33）、日照时数（0.22）、温度（0.18）、太阳辐射（0.17）；人口数量的影响逐渐突显出来。2015 年，各因素 q 值分别为雨量（0.46）、太阳辐射（0.44）、耕地面积（0.37）、日照时数（0.34）、人口数量（0.27）、温度（0.24）；降雨、太阳辐射、日照时数对粮食生产服务的影响逐渐显现。总体上，随时间的变化，粮食生产服务的影响因素由人文（耕地面积和人口数量）向自然（降雨和太阳辐射）转变（图 6-23）。

（6）综合 5 种生态系统服务的影响因素

综合分析 5 种生态系统服务的影响因素发现，3 a 汾河上游流域土壤保持、产水、NPP 生产、水源涵养 4 种服务的影响因素以自然因素为主；降雨是其中一个尤其主要的因素，驱动了土壤保持服务、产水服务、水源涵养服务等与水文过程相关的服务类型。降雨对产水服务和水源涵养服务的影响随时间推移先减小再增大，而对土壤保持服务的影响则先增大再减小。日照时数是影响 NPP 生产服务的主要因素，这是由 NPP 生产服务依托的光合作用这一植物生理生态过程所决定的，光照强度和日照时数是光合作用的主要影响因子。粮食生产服务则主要受人文因素的影响，比如耕地面积和人口数量；一些自然因素，如降雨，也是粮食生产服务的重要影响因子（图 6-23）。

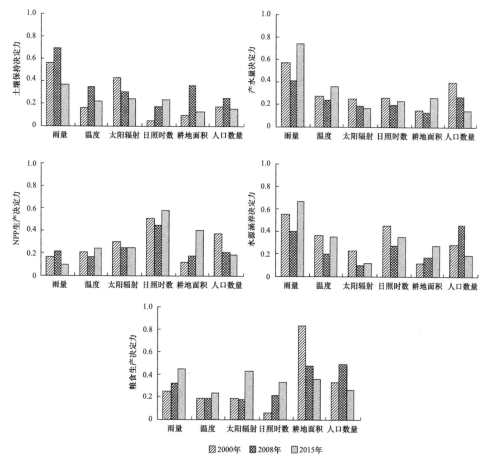

图 6-23   2000—2015 年各影响因素的决定力随时间的变化情况

6.4.3   结论与讨论

6.4.3.1   结论

汾河上游流域生态系统服务的各影响因素均呈现一定的空间格局。降雨呈南高北低的趋势,而温度和日照时数则呈西北低、东南高的趋势。太阳辐射的空间格局相对复杂,由南低北高向南高北低转变;耕地面积和人口数量的空间格局类似,西部和东南部较高。随时间推移,降雨逐渐增加,温度呈先减后增的趋势,太阳辐射则逐渐减少,日照时数先减后增,耕地面积受退耕还林工程的影响先减少后缓慢回升,人口则逐年增加。

降雨是汾河上游流域土壤保持服务、产水服务、水源涵养服务的主要影响因素。日照时数是影响 NPP 生产服务的主要因素;此外,人口数量对 NPP 生产服务的格局有较强影响。粮食生产服务受耕地面积影响最为显著,随时间变化,人口数量和降雨对粮食生产服务的影响突显。

6.4.3.2 讨论

(1)生态系统管理建议

生态系统服务权衡与协同关系及驱动机制,是理解生态结构—过程—功能关系的核心内容,也是生态系统管理的核心。通过对汾河上游流域生态系统服务时空变化及簇空间格局的分析,提出以下生态系统管理建议。

①流域北部作为汾河的发源地,是国家级自然保护区。其植被覆盖度高,人类活动强度小,物种多样性高,生态系统演替充分。该区域是土壤保持、水源涵养等主要生态系统服务供给区。该区域以减少人类干扰为主,加强生态保育。

②流域西部和东南部主要包括岚县和太原市尖草坪,是流域内人口密度最高的区域。该区域作为粮食生产区,耕地面积大,对区域粮食供给起着重要作用。该区域应发挥集约化农业生产,挖掘农业生产潜力;同时,经济与生态兼顾。

③流域中西部主要包括静乐县和岚县局部地区,该区域建设用地和耕地比较多,人类干扰强度大,生态易损性高。该区域要控制土地开发力度,有序利用农业用地和林地的生态效益,林地要合理规划生态林和用材林,提高生态环保意识。

(2)不足之处

首先,InVEST 模型的参数本土化、结果精准化存在一定不足,土壤保持服务评估的叠加过程容易导致结果过大。其次,簇方法作为一种地理空间分析方法,虽然实现了社会经济统计数据和生态地理数据的整合,但也忽略了空间单元内部的异质性,特别是对于那些面积特别大的乡镇,空间异质性对评估结果的影响比较明显,有必要在栅格尺度下将生态地理与社会经济数据进行整合。

地理探测器是利用不同因素空间共轭进行的空间分析,对影响因素数量要求高。模型要求将数量计算转换为类型,分类的不同会导致结果存在较大的差异。除需要补充一些必要的因素外,还需要比较不同的分类方法的优劣。

第7章 水土资源与生态承载力耦合分析

针对汾河上游流域生态现状,以水土资源保护与开发为目的,对 2000 年、2008 年、2015 年汾河上游流域土壤侵蚀、水源涵养、区域水土资源承载力进行分析;对生态系统服务与生态承载力进行耦合,为区域水土资源保护与开发及区域可持续发展提供决策依据。

7.1 研究背景

水土资源是生态系统正常演替的基本要素和物质基础,在促进国民经济和社会可持续发展中具有特殊地位和作用。其内涵主要包括维护河湖健康、泥沙下泄调控,抑制河床提高,削弱洪峰、减轻对河道的破坏等。区域水资源的可持续发展,要求在不破坏当代资源环境的情况下,同时保证下一代的水土资源。工业化和城镇化的推进,特别是人口增长,以及人类活动的加剧,导致不合理的水土资源开采日益加剧。水资源短缺,反过来对经济和社会发展构成了威胁。我国水资源短缺日益明显,水资源过度开发已经超出了自然资源承载能力。随着时间的推移,社会经济和外界环境的变迁导致水土资源利用方式发生了根本转变,水土资源结构发生演替和变迁。水土资源和生态系统的承载力是一对耦合关系,其内部关系越协调,整体功能越强,区域生态系统发展就越协调有序。水土资源服务与生态承载力耦合分析,对于优化生态系统服务,实现区域可持续发展具有重要意义。

1880 年最早提出环境承载力这一概念(Thomson,1886)。此后,围绕生态承载力开展了一系列研究。Hadwen 等(1922)以牧场为例,认为生态承载力就是未破坏的前提下牧场所能支持的最多放牧牲畜数量。20 世纪 70 年代,国外学者围绕人类干扰与资源利用之间的矛盾,对水土资源开展了一系列研究(Sawunyama et al.,2005;师学义 等,2013;张晶 等,2007;向芸芸 等,2012)。随着遥感技术的发展,采用遥感和地理信息系统技术等进行水资源承载力研究已成为热点问题。围绕生态承载力开发了系列模型,并在大江大河综合承载力研究中加以应用,强调人地矛盾在生态承载力中的重要作用(高鹭 等,2007;赵东升 等,2019)。

随着生态承载力相关理论的完善,人们逐渐认识到生态系统服务与生态承载力是不可分离的整体。生态系统的结构、功能、服务影响着人类社会的经济发展,人类社会及其经济发展同时也是生态和水土资源的重要支持来源。将生态系统价值理论融入承载力的研究越来越多,如陈芳淼等(2015)将生态系统服务纳入土地资源承载力,并在云南省进行了尝试。焦雯珺等(2014)分析了资源供给和废物吸纳等生态系统服务,以此分析太湖流域上游的生态状况,对人类活动的影响进行了分析。驱动力—压力—状态—影响—响应模型(DPSIR 模型)是欧洲环境署开发的一种广泛使用的、用于环境与可持续发展的框架模型。该模型在水土资源承载力研究中得到了广泛应用,如白凯(2018)采用 DPSIR 模型从服务价值角度分析了区域的水土资源承载力变化情况和空间匹配情况。此外,国内学者围绕水源涵养、土壤保持等角度对生态承载力进行了探讨,如张福平等(2018)通过水源涵养生态系统服务评估,对黑河上游生态系统可持续发展进行了研究。

7.2 研究区水文概况

近年来,由于人类活动的影响,汾河的生态环境面临严重挑战。地下水过度抽取严重破坏了汾河上游流域的生态环境。山西省人民政府于 2000 年开始了大规模的退耕还林生态工程。2008 年,为了巩固退耕还林成果,相继实施了资源整合和土地修复整备工程,生态环境发生了显著变化。汾河上游流域作为山西省会太原市以及晋中盆地的重要生态保障区域,其水土资源与区域社会经济可持续发展密不可分,为开展水土资源服务功能及承载力耦合研究提供了天然的研究场所。

汾河上游流域包含 61 个乡镇(因太原市辖区尖草坪区和万柏林区面积小且乡镇街道破碎,统计分析时这两个区看作乡镇),流域内水资源分布严重失衡,径流量仅占山西全省平均值的 92.2%。由于生态水文状况较差,自 1961 年 9 月以来,汾河上游水库容量不断减小,流域径流下降,水土流失、泥沙淤积等生态环境问题严峻。

汾河上游流域内分布着丰富的矿产资源,多年来,由于矿产资源开采及人类活动干扰,区域内水土流失严重。历史上,多年的资源开采曾导致汾河断流。环境因素的限制,导致流域社会经济发展受到严重影响。

汾河上游流域土地开发利用率在 2000—2015 年持续走低,尤其是太原市的尖草坪区和万柏林区,2015 年的土地开发利用率不到 2008 年的 1%(图 7-1)。随着社会经济的发展,生态环境用水率呈现上升趋势(图 7-2)。总体上,2008 年用水率是 2000年的 2 倍多,2015 年用水率是 2008 年的 1.85 倍。区域内各县(市、区)用水率差异巨大,流域北部宁武县和静乐县用水率在 2015 年升高剧烈;位于太原市区的尖草坪区和万柏林区的用水率则呈现先升高后降低的趋势,2008 年生态环境用水率剧增后,2015 年又恢复到与 2000 年相近水平。

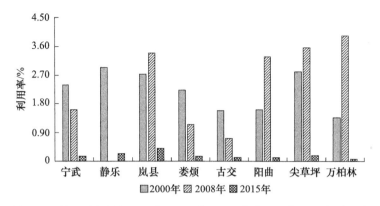

图 7-1　汾河上游流域 2000 年、2008 年、2015 年的土地资源开发利用率

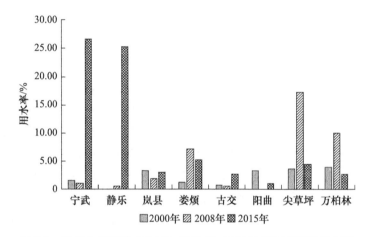

图 7-2　汾河上游流域 2000 年、2008 年、2015 年的生态环境用水率

7.3　汾河上游流域土壤侵蚀分析

基于汾河上游流域的土地利用图,整合气象、土壤等数据,在 RUSLE 模型基础上引入地表径流因子,进行土壤侵蚀量的估算。

7.3.1　土壤侵蚀总量变化

2000—2015 年,汾河上游流域的土壤侵蚀总量呈逐渐减少的趋势。具体而言,2000 年、2008 年和 2015 年,汾河上游流域的土壤侵蚀总量分别为 50418.66 t、46362.62 t 和 30858.98 t(图 7-3)。相较于 2000 年,2008 年的土壤侵蚀总量降低了8.04%;而在 2008 年的基础上,到了 2015 年,土壤侵蚀总量再次减少了 33.44%。这表明汾河上游流域的水土流失状况得到了明显改善(刘慧芳,2019)。

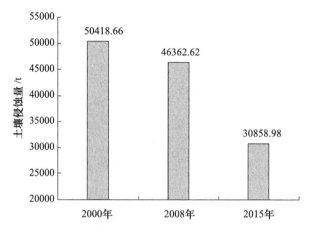

图 7-3　汾河上游流域 2000 年、2008 年、2015 年土壤侵蚀量变化

7.3.2　土壤侵蚀量时空变化

整个汾河上游流域 2000 年、2008 年、2015 年土壤侵蚀量大幅减少。2000 年,太原市区、古交市南部、阳曲县南部和宁武县北部土壤侵蚀总量较低,平均值低于5000 t/hm²(图 7-4)。其中,太原市区、古交市和阳曲县的土壤侵蚀量分别占整个流域侵蚀总量的 9%、18% 和 10%(表 7-1)。岚县西部土壤侵蚀总量较高,高于(或等于)15000 t/hm²,岚县土壤侵蚀量占整个流域总量的 25%。2008 年,流域北部的宁武县、静乐县和岚县土壤侵蚀严重,总量均超过(含)8000 t/hm²,分别占整个流域侵蚀总量的 20%、18% 和 18%。与 2000 年类似,太原市区、阳曲县和古交市土壤侵蚀

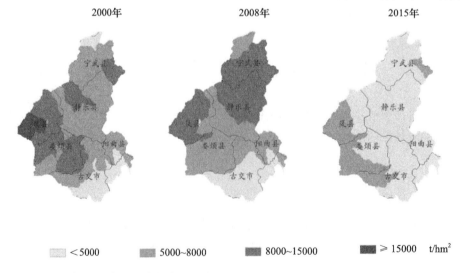

图 7-4　汾河上游流域 2000 年、2008 年、2015 年土壤侵蚀空间分布

量较低,均低于 8000 t/hm²,分别占整个流域土壤侵蚀总量的 9%、9% 和 14%
(图 7-4和表 7-1)。2015 年,流域整体土壤侵蚀量降低,特别是宁武县、静乐县、阳曲
县、娄烦县东北部和太原市区,土壤侵蚀总量均低于 5000 t/hm²。土壤侵蚀严重的地
区集中在岚县西部、娄烦县西部及古交市部分区域,土壤侵蚀总量在 5000~8000 t/hm²
(图 7-4)。这表明,在过去的几年里,该流域土地保护措施取得成效,土壤侵蚀量降
低。尤其显著的是岚县东部地区,其土壤侵蚀总量由 2000 年的约 15000 t/hm² 下降
到 2015 年的 5000~8000 t/hm²,生态治理效果最为明显(刘慧芳,2019)。

表 7-1　汾河上游流域各县(市、区)2000 年、2008 年、2015 年土壤侵蚀占比情况

单位:%

县(市、区)	2000 年	2008 年	2015 年
宁武县	14	20	12
静乐县	14	18	13
岚县	25	18	19
娄烦县	10	12	12
古交市	18	14	17
阳曲县	10	9	15
太原市区	9	9	12

7.3.3　不同等级土壤侵蚀的面积变化

2008 年,流域总体的土壤侵蚀量比 2000 年下降幅度超过 1000 t/hm²,但同期也
有部分上升区域,2008 年土壤侵蚀量上升的区域集中在流域北部和东部的宁武县、
静乐县和阳曲县,增幅超过(含)1000 t/hm²;这可能是受人类活动影响所导致的,即
这 3 个区域农业用水定额和人均 GDP 均有所增加。与 2008 年相比,2015 年宁武
县、静乐县、阳曲县和岚县土壤侵蚀总量下降,幅度均超过 1000 t/hm²;这可能与人
均耕地面积和土地开发利用率上升等有关。同时,流域南部部分区域土壤侵蚀总量
上升,这与当地造林面积减小、人口自增率升高等有关。2000—2015 年,研究区土壤
侵蚀总量呈下降趋势,大部分区域土壤侵蚀总量下降幅度超过了 1000 t/hm²,这说
明研究区土壤侵蚀控制成效明显(图 7-5)。总体上,研究区北部土壤侵蚀总量呈先
升后降趋势,而南部则经历了先降后升的相反过程。太原市区土壤侵蚀总量微弱上
升,有必要改善城区水土利用方式,合理规划城市发展方向,有效地应对土壤侵蚀威
胁(刘慧芳,2019)。

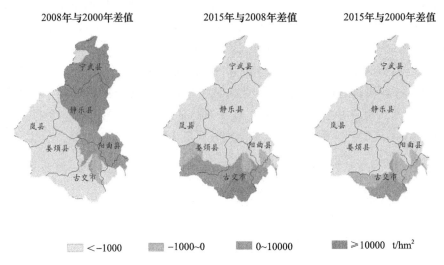

图 7-5　汾河上游流域多年不同等级土壤侵蚀的面积变化及空间分布

7.3.4　小结

2000—2015 年,汾河上游流域土壤侵蚀减轻,说明汾河上游流域土壤保持措施的生态效益明显;空间上,汾河上游流域北部土壤侵蚀量先升后降,而南部则先降后升(刘慧芳,2019)。

7.4　汾河上游流域水源涵养服务空间格局分析

基于地形图 DEM(数字高程模型),将整个汾河上游流域划分为 47 个子流域。采用 InVEST 模型,定量评估汾河上游流域 2000 年、2008 年、2015 年水源涵养服务。

7.4.1　研究方法

根据水量平衡法的原理,产水量减去地表径流即是水源涵养量。产水量的评估采用 InVEST 模型,径流系数从汾河上游相关研究中获取,不同土地利用类型的径流系数见图 7-6。径流系数与雨量的乘积即为径流量,其空间分布见图 7-7。

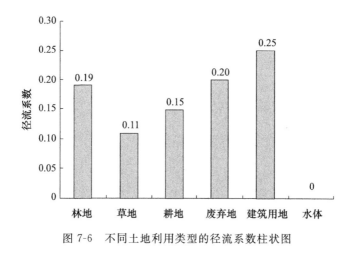

图 7-6　不同土地利用类型的径流系数柱状图

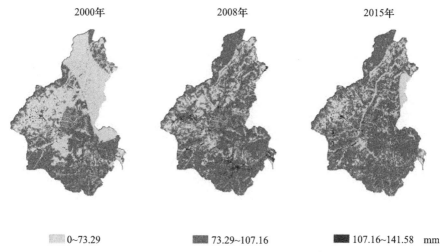

▩ 0~73.29	▩ 73.29~107.16	■ 107.16~141.58　mm

图 7-7　汾河上游流域 2000 年、2008 年、2015 年不同等级径流量空间分布

7.4.2　水源涵养服务的时空变化

总体上,汾河上游流域的水源涵养量呈现先增后减的趋势,2000 年、2008 年和 2015 年水源涵养量分别为 100.58 mm、141.22 mm 和 105.91 mm(图 7-8)。

2000 年,阳曲县、静乐县、宁武县、古交市大部、太原市区水源涵养量较低,低于 900.54 mm。研究区西部的岚县水源涵养量超过 220.07 mm,远高于流域内其他地区。2008 年,古交市大部和太原市区水源涵养总量较低,均低于 135.00 mm,仅占流域总面积的 22%。宁武县、静乐县、岚县、阳曲县、娄烦县北部水源涵养量较高,占到整个流域的 70%。此外,流域南部古交市少部分地区水源涵养量低于 90.07 mm; 2015 年,流域水源涵养量比 2008 年有所下降,空间格局类似于 2000 年。阳曲县、静

111

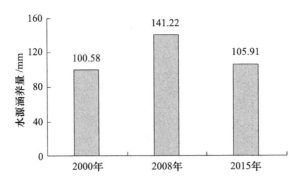

图 7-8　汾河上游流域 2000 年、2008 年、2015 年水源涵养总量变化

乐县、太原市区水源涵养量较低，均低于 90.00 mm。岚县水源涵养量较高，总量为 145.25～256.07 mm(图 7-9 和表 7-2)。

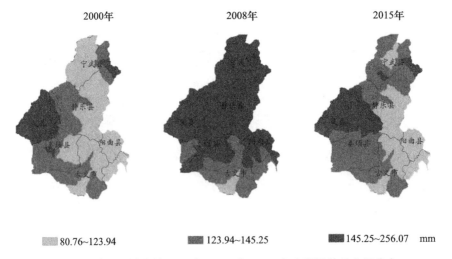

图 7-9　汾河上游流域 2000 年、2008 年、2015 年水源涵养量空间分布

表 7-2　汾河上游流域各县(市、区)2000 年、2008 年、2015 年水源涵养量占比情况

单位:%

县(市、区)	2000 年	2008 年	2015 年
宁武县	14	19	16
静乐县	14	17	15
岚县	19	16	18
娄烦县	10	13	10
古交市	16	13	15
阳曲县	14	11	14
太原市区	13	11	12

图 7-10 展示了水源涵养量随时间变化而增减的空间格局。数值为正,表明水源涵养量上升;反之,则为下降。与 2000 年相比,2008 年水源涵养量除古交市南部外,均呈现增加的趋势,宁武县和静乐县北部水源涵养量增加明显。与 2008 年相比,2015 年宁武县、静乐县、阳曲县水源涵养量下降。2000—2015 年,除岚县西部、娄烦县西部以及古交市南部下降外,其余区域均有所上升。综合来看,流域北部先降后增趋势明显,而流域南部则呈现略微降低的趋势。

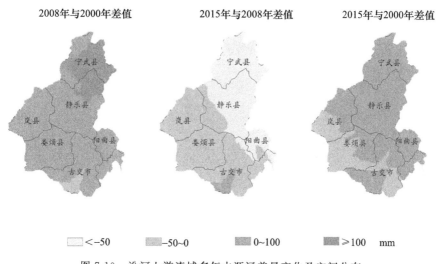

图 7-10　汾河上游流域多年水源涵养量变化及空间分布

7.4.3　小结

2000—2015 年,汾河上游流域水源涵养量先增后减。空间上,2000 年和 2015 年呈现相似的西高东低格局,2008 年则呈现北高南低的空间格局。流域南部相对稳定,北部则呈现先减后增的波动状态。

7.5　汾河上游流域水土资源承载力研究

7.5.1　研究方法

针对汾河上游流域水土资源实际情况,从社会、经济、环境、资源多个角度,建立汾河上游流域水土资源综合承载力 DPSIR 概念模型,构建指标体系。通过极差法,将数据进行无量纲化,得到标准化值。通过均方差权值法,对各个指标进行权重赋值(表 7-3)。

表 7-3 水土资源承载力评估指标及权重

DPSIR	指标	2000 年	2008 年	2015 年
D	人均 GDP	0.060	0.056	0.060
	人口密度	0.062	0.061	0.063
P	社会用水量	0.054	0.056	0.056
	人口自增率	0.051	0.050	0.059
	生态环境用水率	0.056	0.056	0.059
	土地资源利用率	0.062	0.051	0.049
	人均用水量	0.050	0.078	0.057
S	人均水资源量	0.073	0.072	0.077
	水土资源匹配系数	0.055	0.054	0.057
	有效灌溉面积比例	0.060	0.059	0.054
	农作物单产	0.056	0.060	0.066
I	城镇化率	0.066	0.067	0.057
	复种指数	0.055	0.059	0.054
R	农机化程度	0.057	0.053	0.055
	造林面积比例	0.063	0.052	0.059
	农业用水定额	0.062	0.053	0.058

7.5.2 结果

7.5.2.1 水土资源承载力时间变化

汾河上游流域水土资源承载力呈现出先上升后下降的趋势,生态承载力系数分别为 0.52、0.59 和 0.56(图 7-11)。2008 年的水土资源承载力综合水平最高,与2000 年相比增长了 13%;而 2015 年相较于 2000 年则增长了约 8%。

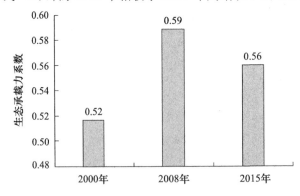

图 7-11 汾河上游流域 2000 年、2008 年、2015 年生态承载力综合系数

7.5.2.2　水土资源承载力空间格局

2000 年,静乐县、岚县、娄烦县、宁武县、太原市区的水土资源承载力较高,阳曲县、古交市的水土资源承载力相对较低。2008 年,宁武县、静乐县、岚县、阳曲县的水土资源承载力较高,太原市区的水土资源承载力相对较低。2015 年,岚县、阳曲县和太原市区的水土资源承载力相对较高,宁武县、静乐县和娄烦县次之,古交市的水土资源承载力为流域最低(图 7-12)。综合分析表明,北部的宁武县和静乐县、西部的岚县和娄烦县水土资源承载力变化不大;阳曲县、太原市区的水土资源承载力有所增强,古交市的水土资源承载力略微下降。

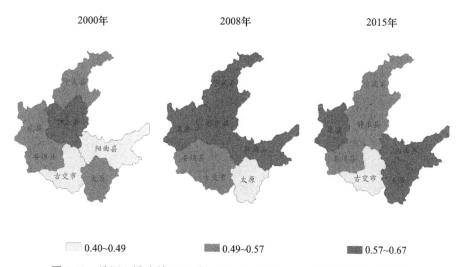

图 7-12　汾河上游流域 2000 年、2008 年、2015 年水土资源承载力示意图

水土资源承载力高,表明水土资源开发利用良好,生态发展协调。2000 年,静乐县土地资源开发利用率最高,同时农业用水定额较低;岚县具有较高的土地资源开发利用率和农作物单产,生态环境用水率和复种指数相对较低;娄烦县有效灌溉比例和农机化程度较高,人口自然增长率较低。2015 年,岚县的人均耕地面积、土地资源开发利用率以及造林面积比例最高;阳曲县的农业机械化程度高,复种指数较小;太原市区的人均 GDP 和农作物单位面积产量较高,复种指数、社会总用水量、人均用水量、农业用水定额较低。这些地区在资源利用方面相对较为合理,注重生态效益和平衡。

中等承载力地区水土资源的利用较为合理。2000 年,宁武县的人口自增率和复种指数相对较高;古交市的农业用水定额比较大,而造林面积比例相对较小;太原市区人均 GDP、有效灌溉面积、农业机械化程度和造林面积处于较高水平。2008 年,娄烦县和古交市的造林面积比例和人口密度较大,人口自增率较低,且娄烦县的复种指数较低,古交市的复种指数却相对较高。2015 年,岚县人均耕地面积、土地资源利用率和造林面积比例最高;太原市区人均 GDP、有效灌溉面积和造林面积等也较高,但社会用水量、人均用水量、复种指数和农业用水定额较低,反映了这些地区在资源利用方面保持了相对平衡的状态。

水土资源承载力较低,说明土地资源开发利用效率较差。2000年,阳曲县的农作物单产、造林面积比例最低,而人口密度、社会用水量、城镇化率最高。2008年,太原市区的土地资源利用率、农作物单产相对低,人口自增率处于高水平。2015年,古交市人均GDP、有效灌溉面积、农作物单产、城镇化率相对较低,而生态用水率、复种指数均较高。

7.5.2.3　水土资源承载力空间格局随时间的变化

利用 ArcGIS 软件空间叠加分析,对水土资源承载力空间变化进行分析,正、负值分别表示承载力提升、下降。图 7-13 中,与 2000 年相比,2008 年宁武县、静乐县、阳曲县、岚县和古交市为水土资源承载力水平上升的区域,其余区域承载力下降。与 2008 年相比,2015 年太原市区、娄烦县水平上升,其余区域承载力下降。与 2000 年相比,2015 年岚县、阳曲县和太原市区承载力水平上升,其他区域下降。总体而言,3 a 对比分析显示,流域水土资源承载力水平变化幅度不大,只有岚县、阳曲县和太原市区有所提高,表明这些区域在水土资源利用方面长期保持较高水平,可持续发展能力较强;而宁武县、静乐县和古交市承载力水平持续下降,需要改善水土资源利用方式,合理规划未来的水土治理方向。

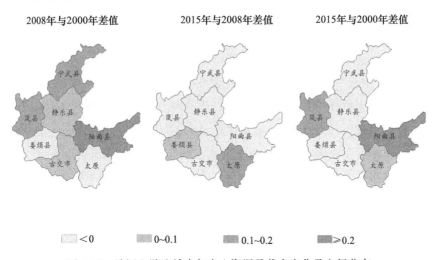

图 7-13　汾河上游流域多年水土资源承载力变化及空间分布

7.5.3　小结

2000—2015 年,汾河上游流域水土资源承载力经历了先升后降。阳曲县和岚县的水土资源利用状态维持在较高水平,区域可持续发展能力较强。宁武县、静乐县和古交市的承载力水平持续下降,需要关注水土资源相关限制因素,改善并合理规划水土资源利用方式。

承载力较高的区域,土地资源开发利用率、造林面积和农作物单位等指标大多高于其他区域。而承载力较低的区域,人口密度、城镇化率、社会用水量以及农业用水等指标均高于其他区域。这表明这些指标限制水土资源可持续利用,需要对这些因素进行合理调配。

7.6　水土资源承载力与生态系统服务耦合研究

采用耦合度模型,以乡镇为基本单元,对水土资源承载力和水源涵养等相关生态系统服务进行耦合分析,并针对研究区水土资源利用特点和存在的问题提供治理建议。

7.6.1　耦合度定量化方法

水源涵养和土壤侵蚀通过生态过程各因素相互作用,对区域承载力施加影响。耦合度,表示区域生态系统关系紊乱程度。耦合度高表示生态发展更为和谐,其计算公式如下(刘春林,2017):

$$C_i = \sqrt{\frac{U_1 \times U_2}{\left[\dfrac{U_1 \times U_2}{\dfrac{U_1 + U_2}{2}}\right]^2}} \tag{7-1}$$

式中:C_i指的是耦合度(0~1),其中 $i=1,2$;C_1表示土壤侵蚀与水土资源承载力的耦合度;C_2表示水源涵养服务与水土资源承载力的耦合度。U_1 和 U_2 表示两个子系统综合水平指数($0 \leqslant U \leqslant 1$)。

在耦合分析的基础上,协调度分析可以用来表示系统内不同要素之间互动的程度。这里对土壤侵蚀服务、水源涵养服务分别与承载力进行耦合协调度评估,耦合协调指数(D)用以下公式计算:

$$T = aU_1 + bU_2 \tag{7-2}$$

$$D = \sqrt{C \times T} \tag{7-3}$$

式中:a 和 b 为待定权数,根据系统重要性取值不同,且 $a+b=1$;T 是综合协调指数,T 和 D 取值范围为 0~1。将协调值划分为 4 个阶段:0~0.4 为轻度协调耦合、0.4~0.5 为中度协调耦合、0.5~0.8 为高度协调耦合、0.8~1 为极度协调耦合(马丽 等,2012)。

耦合分析之前,依据极差法对 2000 年、2008 年和 2015 年土壤侵蚀、水源涵养及水土资源承载力归一化处理结果见表 7-4。

表 7-4　汾河上游流域各县（市、区）2000 年、2008 年、2015 年水源涵养、
土壤侵蚀、水土资源承载力归一化处理结果

年份	县（市、区）	承载力系数	土壤侵蚀	水源涵养
2000 年	宁武县	0.57	0.31	0.55
	静乐县	0.00	0.34	0.55
	岚县	0.21	1.00	0.00
	娄烦县	0.19	0.07	1.00
	古交市	0.73	0.60	0.35
	阳曲县	1.00	0.12	0.57
	太原市区	0.47	0.00	0.71
2008 年	宁武县	0.15	1.00	0.00
	静乐县	0.22	0.83	0.21
	岚县	0.00	0.87	0.37
	娄烦县	0.62	0.34	0.89
	古交市	0.58	0.41	0.83
	阳曲县	0.18	0.07	0.99
	太原市区	1.00	0.00	1.00
2015 年	宁武县	0.80	0.12	0.36
	静乐县	0.53	0.28	0.46
	岚县	0.00	1.00	0.00
	娄烦县	0.57	0.11	1.00
	古交市	1.00	0.93	0.41
	阳曲县	0.08	0.48	0.61
	太原市区	0.45	0.00	0.76

7.6.2　结果

7.6.2.1　分年度土壤侵蚀、水源涵养、承载力状况

2000 年，太原市区、阳曲县和娄烦县土壤侵蚀量较低，而水土资源承载力较高。相反，岚县和古交市的土壤侵蚀较为严重，承载力水平分别为较低和中等。太原市区城镇化率较高，阳曲县和岚县具有较高的复种指数，而娄烦县和古交市的人口自然增长率相对较高。2000 年，娄烦县的水源涵养量较高，承载力水平较低；岚县水源涵养较高，承载力中等；静乐承载力高，但其水源涵养量较低；。阳曲县和太原市区，承载力水平较低，水源涵养量也较低。这些地区的土地资源开发利用率较低，农业用水定额较高（图 7-14）。

2008 年,汾河上游流域西北部的宁武县、静乐县和岚县土壤侵蚀严重,这些地区的承载力水平相对较低,土壤侵蚀与承载力水平呈负相关。相反,太原市区和娄烦县的土壤侵蚀量较低,承载力水平较高,人均 GDP 较高,用水量也相对较高。2008 年,宁武县、静乐县和岚县的水源涵养量和承载力均较低,农作物单位面积产量和土地资源开发利用率较高。流域大部区域包括宁武县、静乐县、娄烦县北部、阳曲县的水源涵养量较高,除娄烦县承载力中等外,上述地区的承载力均较高。古交市的水源涵养量和承载力水平中等,有效灌溉面积比例和农作物单位面积产量相对较低(图 7-14)。

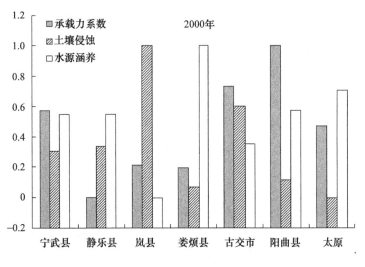

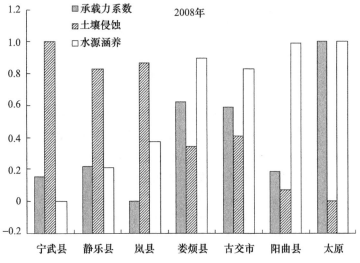

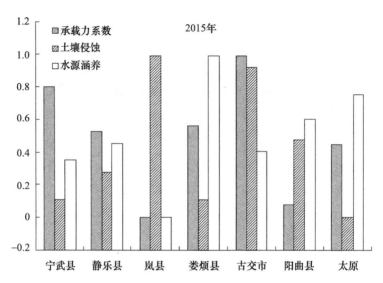

图 7-14　汾河上游流域各县(市、区)2000 年、2008 年、2015 年水源涵养、
土壤侵蚀与承载力状况

2015 年,宁武县、娄烦县和太原市区的土壤侵蚀量较低,承载力处于中等状态。相反,岚县和古交市的土壤侵蚀较为严重;在承载力方面,后者承载力较高,而前者较低;影响因素方面,岚县的人均耕地面积最大,农机化程度最低;古交市人口自增率和城镇化率最高。2015 年,娄烦县的水源涵养量最高,承载力水平中等。娄烦县的人均 GDP 和有效灌溉面积相对较低,但人口密度、社会用水总量、城镇化率较高。阳曲县和太原市区的水源涵养量相对较高,其生态承载力水平分别是较低和中等。阳曲县的人均耕地面积和农作物单产相对较高;太原市区的人均耕地面积和土地资源开发利用率较低,人口自然增长率较高(图 7-14)。

7.6.2.2　土壤侵蚀与承载力耦合度分析

2000 年,研究区南部 4 个县(市、区)以及北部的宁武,土壤侵蚀与承载力高度协调耦合,娄烦县达到了极度协调耦合。2008 年,土壤侵蚀与承载力的协调耦合度空间格局非常规则,研究区南部的阳曲县、娄烦县和太原市区高度协调耦合,古交市极度协调耦合。2015 年,土壤侵蚀与承载力高度协调耦合的区域在研究区的南部和中部,包括娄烦县、静乐县、阳曲县、太原市区和岚县(图 7-15)。

总体上,2000 年、2008 年和 2015 年,研究区南部的土壤侵蚀与承载力协调耦合度好于北部,中部的岚县和静乐县从低度协调向高度协调发展,这可能与当地实施的生态政策有关。作为传统工矿区,古交市以矿立市,其土壤侵蚀与承载力协调耦合度下降,与近年来人类活动,如资源开采密切相关。

7.6.2.3　水源涵养与承载力耦合度分析

2000 年,阳曲县水源涵养与承载力极度协调,宁武县、娄烦县、古交市和太原市

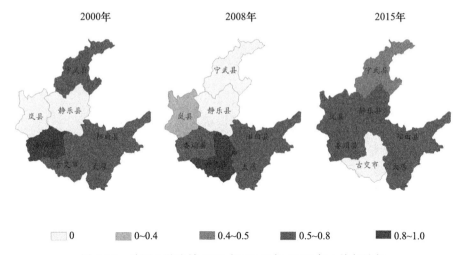

图 7-15　汾河上游流域 2000 年、2008 年、2015 年土壤侵蚀与
承载力协调耦合度空间格局

区水源涵养与承载力呈高度协调耦合,岚县和静乐县为低度协调耦合区。2008 年,水源涵养与承载力耦合程度的空间格局与 2000 年有较大不同,娄烦县和太原市区水源涵养与承载力极度协调,阳曲县和古交市为高度协调区,宁武县和岚县为低度协调区。2015 年,娄烦县水源涵养与承载力极度协调耦合,宁武县、静乐县、古交市和太原市区为高度协调耦合区(图 7-16)。

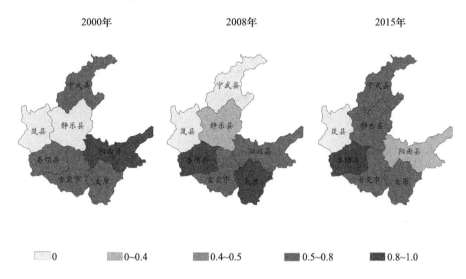

图 7-16　汾河上游流域 2000 年、2008 年、2015 年水源涵养与承载力协调耦合度空间格局

研究区南部的太原市区、娄烦县、古交市和阳曲县水源涵养与承载力协调耦合度较高,可能是因为该地区紧邻汾河水库,水资源充足,水源涵养服务相对较高。相

反,岚县在这 3 个时期的协调耦合度均较低,可能是因为该地区生态环境本底较差,同时存在复垦现象。静乐县从 2000 年低度协调耦合持续发展到 2015 年高度协调耦合,该县可持续发展向好。

7.6.3 讨论

7.6.3.1 基于水土资源及生态承载力的生态保护建议

通过分析汾河上游流域水土资源利用现状,以及区域土壤侵蚀和水源涵养服务对承载力的提供状态,提出以下建议。

(1)对于土壤侵蚀与水土资源承载力协调度较高的区域,建议深挖土地潜力;对于协调度较低的区域,持续实施各项水保工程,加强水土流失监测,减少不合理人为活动干扰对资源的浪费,积极开展生态综合治理。

(2)在水源涵养与水土资源承载力协调度较高的区域,充分利用区域水资源储量丰富的特点,提高水资源的开发率,建立生态保护区;对于协调度较低的区域,调整产业结构,植树造林,增强区域水源涵养功能。

(3)改善汾河上游流域生态系统服务功能,平衡生态效益和社会经济效益,实现区域生态、经济、社会可持续发展;改良灌溉措施,推广节水农业。

(4)贯彻生态保护新理念,根据资源—生态—环境承载力实施区域经济和社会发展规划,实施产业布局与城市规划。针对承载力等级较低区域,防止土地资源过度开发,增加生态用地,以涵养水源。

7.6.3.2 存在的不足之处

与传统的承载力分析相比,这里从区域水土资源承载力入手,对不同生态系统服务提供能力影响下的水土资源承载力进行分析,拓展了承载力研究的方向。其不足之处是研究时间节点的选择较少,承载力变化的时间轨迹变化分析不够,权重系数赋值粗糙,这也是下一步研究需要强化的地方。

7.6.4 小结

2000—2015 年,研究区南部的水土资源服务功能与承载力协调耦合度高,静乐县从低度协调耦合发展到高度协调耦合。研究区南部的水源涵养与承载力协调耦合度相对较高,而岚县的协调耦合度较低。汾河上游流域水土资源的利用应考虑实际情况,在保障区域水土资源服务功能不受损害的前提下,均衡分布区域水土资源,优化水土资源管理。

第8章 结束语

8.1 基本结论

本书以我国水土流失严重、人类活动强烈、景观高度破碎的黄土高原地区为研究对象，基于生态模型、野外调查、景观分析软件、地理学空间分析方法等，选取特定年份，对黄土高原1975年以来，特别是退耕还林期间，泥沙调控、产水服务、水源涵养、NPP生产等生态系统服务时空变化进行了定量评估、权衡与协同分析、驱动机制挖掘。结合黄土高原内部典型流域（延河流域）对生态系统服务尺度效应进行了研究。以黄土高原典型小流域（延河流域）为例，基于生态系统服务和人类活动进行生态分区和生态管理对策研究；以黄土高原中部汾河上游流域为例，采用簇和地理探测器，对生态系统服务权衡和驱动机制进行了研究；采用DPSIR分析框架，对汾河上游流域水土资源承载力、生态系统服务、土壤侵蚀进行了耦合分析。通过研究，为生态脆弱区生态管理、流域开发、区域可持续发展提供了科学依据，为生态脆弱区修复与管理提供了参考借鉴。主要的研究结论如下。

8.1.1 黄土高原生态系统服务时空变化

1975年、1990年、2000年、2008年，黄土高原泥沙输出、产水服务、碳固定均呈现西北低、东南高的空间格局。泥沙输出呈现波动减少的趋势，产水量总体上波动下降，碳固定在2000年后剧烈增强。不同服务类型在时空格局上显示出不同的趋势。南部泥沙输出减少，东北部和西北部区域泥沙输出加剧，总体上泥沙输出呈现均质化趋势，随时间推移，泥沙输出空间差异有所减小。产水服务方面，黄土高原北部增加，南部降低；与泥沙截持类似，产水量随时间推移也呈现出空间差异减小的趋势。随时间变化，碳固定服务的空间格局变得缓和，有更多过渡区域出现；在退耕还林期间，碳固定服务增长迅速，占黄土高原面积76.7%的区域呈现固碳服务增加，固碳服务减少的区域零星分布在剩余的23.3%区域。

泥沙输出与产水量呈典型正相关，固碳服务与泥沙输出及产水量呈一定的负相关关系。以泥沙输出减少表征泥沙截持服务，泥沙截持与产水量呈现一定的权衡关系，而与碳固定呈现一定的协同关系；NPP固碳与产水服务之间呈现一定的权衡关系。相关性分析表明,雨量减少是影响产水量和泥沙输出的主要因素($r^2 = 0.980$ ** 和 $r^2 = 0.791$ **);温度升高使产水量减少,是产水量的直接驱动因素($r^2 = -0.350$ **)。耕地向林草地的转化与泥沙截持和碳固定有很强的空间关联性($r^2 = 0.313$ ** 和 $r^2 = 0.488$ **)。

8.1.2 生态服务尺度特征

空间格局上,生态系统服务随尺度变化显示出不同的特征。黄土高原尺度下,生态系统服务的空间格局较为一致,泥沙输出、产水、碳固定均呈现从西北向东南递增的空间格局;而在延河流域尺度下,不同生态系统服务的空间格局比较复杂,同一生态系统服务在不同年份也有不同的空间格局。

生态系统服务权衡与协同关系也具有鲜明的尺度特征,在黄土高原和延河流域尺度下,泥沙截持服务与产水量呈现出跨尺度的负相关关系;在延河流域尺度下,泥沙截持与固碳服务呈正相关,与产水量呈负相关。这种只在小尺度下显示出的相关性,可能与不同植被类型的生态功效有关,如乔木对 NPP 固碳更有效,而灌草搭配可能更有利于泥沙截持,这种植被功效的差异,在小尺度下可能更为明显。

生态系统服务驱动因素也呈现明显的尺度依赖性。在延河流域尺度下,自然因素,如雨量、日照时数、温度、地形等,是驱动泥沙截持、产水、固碳等生态系统服务的主要因素;随尺度加大,在黄土高原尺度下,除雨量和地形等自然因素外,社会经济等人文因素对生态系统服务的驱动作用显现出来,尤其以人口密度、农业产值、非农业产值、粮食单产等对生态系统服务的作用更加突出。

8.1.3 人类活动、景观格局以及基于生态系统服务的生态分区

对黄土高原典型小流域(延河流域)的研究表明,其人类活动强度在空间上大致随市区、市郊、县城所在乡镇、边远乡镇而依次降低。退耕还林后,整个延河流域人类活动强度降低,流域东北部区域人类活动强度剧减,西北部、西南部、东南部人类活动强度降低幅度较缓和,呈扇形格局。

景观格局分析结果显示,在景观水平上,退耕还林后,流域有破碎化趋势,斑块形状简单化,斑块连通性增加。从不同土地利用类型来看,耕地破碎化加剧,分离度增加;草地有去破碎化趋势,分离度减少;林地的景观格局变化相对缓和,分维度和分离度基本稳定;建筑用地聚集性增强。退耕还林还草是延河流域景观格局变化的主要影响因素。此外,产业发展、劳动力转移、乡村聚落的变迁也直接或间接驱动土地利用和景观格局的变化。

基于生态系统服务和人类活动,将延河流域乡镇分为中心城市型、城郊型、生态屏障型、偏远农业型 4 类,并分区域提出生态保护政策建议:①中心城市型:发展二、三产业,加强基础设施建设,产业适度集中,吸纳剩余劳动力;②城郊型:发展集约化

农业生产,努力发展苹果、畜牧、大棚蔬菜等当地主导农业,实施保护性耕作;③生态屏障型:以保育为主,限制产业开发,发展生态旅游业,"变输血为造血";④偏远农业型:作为延河流域生态最脆弱地区,应完全退耕,还林以生态林为主,增加农民生态补偿,加大生态移民力度。

8.1.4 基于簇的生态系统服务权衡分析

采用簇分析方法,以黄土高原典型小流域(汾河上游流域)为案例,对土壤保持、粮食生产、水源涵养、产水、固碳 5 种生态系统服务权衡与协同关系进行分析。通过簇分析法,将整个汾河上游流域 61 个乡镇分为 4 类,每类服务簇的结构及其空间分布在不同时期呈现一定的规律性和差异性。第 1 类簇以土壤保持服务为主,碳固定服务次之,集中在流域北部及南部少数乡镇;第 2 类簇以产水服务为主,水源涵养服务次之,是涉及最多乡镇的一类;第 3 类簇以粮食生产服务为主;第 4 类簇的空间分布随时间推移所产生的变化较大,先是以产水服务为主,再后转为以水源涵养服务和碳固定服务为主,后又转为以水源涵养服务为主。

8.1.5 基于 InVEST 模型和 DPSIR 模型的水土资源承载力

对黄土高原汾河上游流域土壤侵蚀、水源涵养、水土资源承载力进行了耦合分析,结果表明,研究区 2000 年、2008 年和 2015 年土壤侵蚀总量减少,水源涵养总量先增加后减少,水土资源承载力先上升后下降。2000 年、2008 年和 2015 年,研究区南部的水土资源服务功能与承载力协调耦合度较高,北部静乐县从 2000 年低度协调耦合发展到 2015 年高度协调耦合。

8.2 研究的不足与展望

黄土高原是我国重要的能源基地,也是我国重要的生态屏障区,多年的人类活动和资源开采的综合影响,造成了黄土高原生态环境的严重退化问题,加上特殊的地理地貌条件和少而不均的降水特征,导致黄土高原水土流失非常严重,生态环境脆弱,人地关系紧张。以生态系统服务研究为抓手,更好地协调生态系统与人们生产生活的矛盾显得尤为重要。充分挖掘区域生态环境状况、规范人类活动、涵养生态系统,是可持续发展的必然途径。开展黄土高原地区生态系统服务研究,可为黄土高原生态建设与人类活动提供借鉴,具有重要的科学价值和现实意义。

本书基于生态模型和空间分析软件,多源数据融合,对黄土高原生态系统服务时空格局、驱动机制、权衡与协同关系进行了研究;结合黄土高原小流域(延河流域),对生态系统服务尺度效应进行了研究,并对延河流域景观格局变化、基于生态系统服务的生态分区与管理进行了探讨。以黄土高原典型小流域(汾河上游流域)

为案例,对生态系统服务簇分析法和地理探测器分析法在生态系统服务权衡与协同关系和驱动机制进行了尝试;基于黄土高原典型小流域(汾河上游流域),对生态系统服务水土资源承载力进行了研究。本书为黄土高原生态系统管理与人类活动优化提供了可供借鉴的案例。由于生态系统的复杂性和不确定性,受限于数据的匮乏,研究仍然存在一些不足,需要在后续工作中进一步改进。

8.2.1 研究的不足

8.2.1.1 生态系统服务类型需要拓展

生态系统可以提供多种类型的服务,由于基础数据的缺乏,本书只是对泥沙截持、水源涵养、碳固定、产水量、粮食生产等服务类型进行了研究,其他服务,如气候调节、生物多样性、水质净化、娱乐文化等服务未进行考虑,对区域的生态环境状况未能进行全景式反映。在将来的研究中,应拓展生态系统服务类型,全面了解区域的生态环境状况,更好地进行生态系统服务的权衡研究。

8.2.1.2 生态系统服务评估方法的不足

本书采用的 InVEST 模型和 CASA 模型等,参数众多,且数据来源多样,导致生态系统服务的评估存在一些不确定性。主要体现在:(1)InVEST 模型采用的 USLE 模块主要基于面状侵蚀(缓坡面侵蚀),对细沟侵蚀、沟道侵蚀、河岸侵蚀估计不足。(2)基于雨强与降雨动能关系的降雨侵蚀力在山地的适用性仍有待检验。由于这些不确定性因素,目前 InVEST 模型主要用于生态系统服务相对价值研究以及不同生态系统服务的比较。(3)InVEST 模型提供了泥沙截持功能的评估,但其结果与我们在黄土高原相关研究结果有一定差异,其原因可能是 InVEST 模型采用的迭代法是对上游来沙与原位产沙多次叠加的结果。为了避免这个问题,这里黄土高原泥沙截持用泥沙输出的减少来表征。(4)对于产水量服务,InVEST 模型的计算原理过于简单,粗略地认为流域中除蒸散发以外的产水都到达流域出口,忽略了除人类耗水外的其他用水以及表层与地下水的交换。(5)采用 CASA 模型评估固碳,由于不同遥感数据的精度差异,如 1990 年采用精度 8 km 的 NOAA PAL,2000 年和 2008 年则采用了较高精度的 1 km 的 MODIS 影像,造成了 NPP 生产服务评估的不确定性。

8.2.1.3 人类活动强度定量化的不确定性

人类活动强度定量评估存在一定困难,尤其是政策性影响很难定量。本书提出的人类活动强度指数组成因子仍较缺乏。资源开采作为生态系统影响最显著的因素,由于数据受限,本书未能纳入。人口数据方面,统计数据未能全部反映劳动力转移的动态情况,导致人口变化的空间格局难以刻画。居民点的居住方式也是人类对生态系统影响的重要因素,陕北的窑洞作为黄土高原丘陵沟壑区主要聚落方式,在遥感影像上并不能显示。此外,对一些历史遗迹简单地解译为建筑用地,也不能反映出其文化价值。

8.2.1.4　簇分类方法的不足

生态系统服务簇的分析,不仅可以反映生态系统服务间的权衡与协同关系,还可以根据簇的结构类型及空间分布,对区域可持续发展提供建议。本书中的簇分析方法以乡镇为基本单元,忽略了各乡镇内部生态系统服务时空差异。此外,由于生态系统服务本身没有明确的边界,导致服务簇分类及空间分布具有一定误差。未来还需要综合对比栅格等不同空间单元下生态系统服务及其簇分类的差异,深入探究生态系统服务簇的类型和空间分布规律。

8.2.1.5　地理探测器分析方法的局限

地理探测器是利用空间异质性来挖掘空间数据的新工具,可以度量自变量对因变量解释度。本书基于地理探测器模型来刻画各因子对生态系统服务的影响和决定力,并且考虑了多因子间的交互作用。但由于选取的影响因素不够全面,除去已选取因子,坡度等地形因子以及景观格局演变也会对生态系统服务产生影响。此外,本书中各类影响因素即自变量均为数字型,地理探测器模型运转时需将其转换为类型变量,不同分类方法导致地理探测器输出结果有一定差异。后续还需补充一些因素,比较不同分类方法,提升地理探测器方法的研究精度。

8.2.2　研究方向及展望

8.2.2.1　生态系统服务驱动力研究从狭义向广义拓展

狭义的驱动力研究只是对生态系统服务主导驱动因子的辨识,而广义的驱动力研究不仅包括驱动因子的辨识,还包括驱动机制的分析和驱动过程的模拟、调控及预测。本书还停留在狭义的生态系统服务驱动因子辨识阶段,有必要拓宽方向,加强对生态系统服务模拟、调控及情景预测的研究。

8.2.2.2　生态系统服务尺度机理及尺度推绎

本书只是基于因子相关性分析对生态系统服务的尺度效应进行探讨,对尺度机理的挖掘仍然比较欠缺。有必要对不同生态系统服务关系及驱动因素的生态学原理进行挖掘。尺度推绎是生态学和自然地理学的重要研究方向,由于空间异质性的存在以及生态系统的非线性和复杂性,大尺度的信息并非是小尺度信息的简单叠加,而小尺度的信息也不能简单地通过大尺度信息分解得到。由于对不同尺度下生态系统服务变化规律与内部机制缺乏认识,本书对不同尺度下各种因素的转换规律未能进行研究。目前的生态系统服务评价方法本身也存在不确定性,而尺度研究所需要的数据完备性高,特别是长时间和大空间尺度的研究。在条件允许的情况下,加强生态系统服务尺度推绎研究是未来研究的一个重要方向。

参考文献

白凯,2018. 呼伦贝尔市水环境承载力评价指标体系研究[J]. 环境与发展,30(10):24-25.

蔡强国,王贵平,陈永宗,1998. 黄土高原小流域侵蚀产沙过程与模拟[M]. 北京:科学出版社.

陈芳森,田亦陈,袁超,等,2015. 基于供给生态服务价值的云南土地资源承载力评估方法研究[J]. 中国生态农业学报,23(12):1605-1613.

程积民,万惠娥,2005. 中国黄土高原植被建设与水土保持[M]. 北京:科学出版社.

崔铁成,1993. 森林植被与洪水、水土流失等灾害的关系综述[J]. 西北林学院学报,8(1):95-99.

戴尔阜,王晓莉,朱建佳,等,2016. 生态系统服务权衡:方法、模型与研究框架[J]. 地理研究,35:1005-1016.

董敏,2020. 汾河上游流域生态系统服务时空变化及影响因素研究[D]. 太原:山西大学.

冯兆,彭建,吴健生,2020. 基于生态系统服务簇的深圳市生态系统服务时空演变轨迹研究[J]. 生态学报,40:2545-2554.

傅伯杰,于丹丹,2016. 生态系统服务权衡与集成方法[J]. 资源科学,38:1-9.

高歌,陈德亮,任国玉,等,2006.1956—2000 年中国潜在蒸散量变化趋势[J]. 地理研究,25:378-387.

高鹭,张宏业,2007. 生态承载力的国内外研究进展[J]. 中国人口·资源与环境(2):19-26.

高旺盛,陈源泉,董孝斌,2003a. 黄土高原生态系统服务功能的重要性与恢复对策探讨[J]. 水土保持学报,17(2):59-61.

高旺盛,董孝斌,2003b. 黄土高原丘陵沟壑区脆弱农业生态系统服务评价——以安塞县为例[J]. 自然资源学报,18(2):182-188.

高志强,刘纪远,曹明奎,等,2004. 区域净初级生产力的影响[J]. 地理学报,59(4):581-591.

郭建荣,张峰,2019. 芦芽山常见植物[M]. 北京:中国林业出版社.

郭志华,彭少麟,王伯荪,等,1999.GIS 和 RS 支持下广东省植被吸收 PAR 的估算及其时空分布[J]. 生态学报,19(4):441-447.

何佳瑛,蒋晓辉,雷宇昕,2023. 黄土高原生态工程对关键生态系统服务时空变化的影响——以延河流域为例[J]. 生态学报,43(12):4823-4834.

何蔓,张军岩,2005. 全球土地利用与覆盖变化(LUCC)研究及其进展[J]. 国土资源,9:22-25.

胡春宏,2005. 黄河水沙过程变异及河道的复杂响应[M]. 北京:科学出版社.

胡志斌,何兴元,李月辉,等,2007. 人类活动影响下岷江上游景观变化分析[J]. 生态学杂志,26(5):700-705.

焦雯珺,闵庆文,李文华,等,2014. 基于生态系统服务的生态足迹模型构建与应用[J]. 资源科学,36(11):2392-2400.

李广,黄高宝,2009. 雨强和土地利用对黄土丘陵区径流系数及蓄积系数的影响[J]. 生态学杂志,

28：2014-2019.

李慧蕾,彭建,胡熠娜,等,2017. 基于生态系统服务簇的内蒙古自治区生态功能分区[J]. 应用生态学报,28：2657-2666.

李文华,1999. 长江洪水与生态建设[J]. 自然资源学报,14：2-9.

李香云,王立新,章予舒,等,2004. 西北干旱区土地荒漠化中人类活动作用及其指标选择[J]. 地理科学,24(1)：68-75.

林世伟,2016. "三江并流"区生态系统服务空间协同与协同关系研究[D]. 昆明：云南大学.

刘东生,丁梦麟,2004. 黄土高原·农业起源·水土保持[M]. 北京：地震出版社.

刘广全,2005. 黄土高原植被构建效应[M]. 北京：中国科学技术出版社.

刘慧芳,2019. 汾河上游流域水土资源服务功能及承载力耦合研究[D]. 太原：山西大学.

刘秀丽,张勃,张调风,等,2013. 黄土高原土石山区土地利用变化对生态系统服务的影响——以宁武县为例[J]. 生态学杂志,32(4)：1017-1022.

刘彦随,陈百明,2002. 中国可持续发展问题与土地利用/覆被变化研究[J]. 地理研究,21(3)：324-330.

刘正杰,2001. 实施西部大开发必须强化黄土高原生态环境建设[J]. 水土保持科技情报(6)：33-35.

卢龙彬,付强,黄金柏,2013. 黄土高原北部水蚀风蚀交错区产流条件及径流系数[J]. 水土保持研究,20：17-23.

骆剑承,周成虎,杨艳,2001. 遥感地学智能图解模型支持下的土地覆盖/土地利用分类[J]. 自然资源学报,16(2)：179-183.

吕一河,傅伯杰,2001. 生态学中的尺度及尺度转换方法[J]. 生态学报,21(12)：2096-2105.

马丽,金凤君 刘毅,2012. 中国经济与环境污染耦合度格局及工业结构解析[J]. 地理学报,67(10)：1299-1307.

欧阳志云,王如松,赵景柱,1999. 生态系统服务功能及其生态经济价值评价[J],应用生态学报,10(5)：635-640.

彭珂珊,2000. 黄土高原水土流失区退耕还林(草)的基本思路[J]. 水利水电科技进展,20(3)：9-15.

彭少麟,郭志华,王伯荪,2000. 利用 GIS 和 RS 估算广东植被光利用率[J]. 生态学报,20(6)：903-909.

片冈顺,王丽,1990. 水源林研究述评[J]. 水土保持应用技术,4：44-46,55.

上官铁梁,贾志力,张峰,等,1999. 汾河河岸植被类型及其利用与保护[J]. 河南科学(s1)：90-93.

师学义,王万茂,刘伟玮,2013. 山西省生态足迹及其动态变化研究[J]. 资源与产业,15(3)：93-99.

苏常红,傅伯杰,2012. 景观格局与生态过程的关系及其对生态系统服务的影响[J]. 自然杂志,34：277-283.

苏常红,王亚璐,2018. 汾河上游流域生态系统服务变化及驱动因素[J]. 生态学报,38：7886-7898.

孙立达,朱金兆,1995. 水土保持林体系综合效益研究与评价[M]. 北京：中国科学技术出版社.

唐克丽,等,1994. 黄河流域的侵蚀与径流泥沙变化[M]. 北京：中国科学技术出版社.

田均良,等,2010. 黄土高原生态建设环境效应研究[M]. 北京：气象出版社.

王川,刘春芳,乌亚汗,等,2019. 黄土丘陵区生态系统服务空间格局及权衡与协同关系——以榆中县为例[J]. 生态学杂志,38：521-531.

王劲峰,徐成东,2017. 地理探测器：原理与展望[J]. 地理学报,72：116-134.

王素敏,翟辉琴,2004. 遥感技术在我国土地利用/覆盖变化中的应用[J]. 地理空间信息,2(2)：31-38.

王文善,2000. 黄土高原地区水土保持在西部大开发中的地位及其发展思路[J]. 中国水土保持(8)：20-21.

王亚璐,2019. 基于城乡梯度的生态系统服务供需研究[D]. 太原：山西大学.

王钰,冯起,2017.1960—2010 年延河水沙特征及其对退耕工程的潜在响应[J]. 中国水土保持科学,15(1)：1-7

王宗明,梁银丽,2002. 植被净第一性生产力模型研究进展[J]. 西北林学院学报,17(2)：22-25.

文英,1998. 人类活动强度定量评价方法的初步探讨[J]. 科学对社会的影响(中文版)(4)：55-60.

吴炳方,熊隽,闫娜娜,2011.ETWatch 的模型与方法[J]. 遥感学报,15(2)：224-239.

向芸芸,蒙吉军,2012. 生态承载力研究和应用进展[J]. 生态学杂志,31(11)：2958-2965.

谢高地,鲁春霞,冷允法,2003. 青藏高原生态资产的价值评估[J]. 自然资源学报,18(2)：189-196.

谢高地,肖玉,鲁春霞,2006. 生态系统服务研究：进展、局限和基本范式[J]. 植物生态学报,30(2):191-199.

谢红霞,杨勤科,李锐,等,2010. 延河流域水土保持措施减蚀效应分析[J]. 中国水土保持科学,8(4):13-19

解智涵,2016. 汾河上游土地利用与生态环境协调建设研究[J]. 生产力研究,12;77-81.

徐博,王启亮,吕义清,2017. 汾河流域上游段地质灾害影响因素分析[J]. 人民长江,48(52)：108-111.

徐延生,2010. 延安经济发展路径及问题研究[J]. 学理论(9)：34-35.

徐志刚,庄大方,杨琳,2009. 区域人类活动强度定量模型的建立与应用[J]. 地球信息科学学报,11(4)：452-460.

杨光梅,李文化,闵庆文,2006. 生态系统服务价值评估研究进展[J]. 生态学报,26(1)：205-212.

杨国靖,肖笃宁,赵成章,2004. 基于 GIS 的祁连山森林景观格局分析[J]. 干旱区研究,21(1)：27-32.

杨华,徐勇,王丽佳,等,2023. 青藏高原人类活动强度时空变化与影响因素[J]. 生态学报,43(10)：3995-4009.

杨勤业,郑度,孙惠南,等,1988. 试论黄土高原的自然地带[M]. 北京:科学出版社.

杨月欣,王光亚,潘兴昌,2009. 中国食物成分表(第二版)[M]. 北京：北京大学医学出版社：1-384.

曾辉,刘国军,1999. 基于景观结构的区域生态风险分析[J]. 中国环境科学,19(5)：454-457.

张彩霞,谢高地,杨勤科,等,2008. 黄土丘陵区土壤保持服务价值动态变化及评价——以纸坊沟流域为例[J]. 自然资源学报,23(6)：1035-1043.

张翠云,王昭,2004. 黑河流域人类活动强度的定量评价[J]. 地球科学进展,19(s1)：386-390.

张福平,李肖娟,冯起,2018. 基于 InVEST 模型的黑河流域上游水源涵养量[J]. 中国沙漠,38(6)：

1321-1329.

张晶,封志明,杨艳昭,2007. 宁夏平原县域农业水土资源平衡研究[J]. 干旱区资源与环境(2)：60-65.

章文波,谢云,刘宝元,2002. 利用日雨量计算降雨侵蚀力的方法研究[J]. 地理科学,22(6)：705-711.

张晓倩,穆晓东,闫敏,等,2024. 海南青皮林省级自然保护区人类活动干扰评价分析[J]. 测绘与空间地理信息,47(1)：66-70.

赵东升,郭彩赟,郑度,等,2019. 生态承载力研究进展[J]. 生态学报,39(2)：399-410.

中国科学院黄土高原综合科学考察队,1991. 黄土高原地区土壤侵蚀区域特征及其治理途径[M]. 北京：中国科学技术出版社.

中国科学院植物研究所,1991. 黄土高原地区植被类型图(1：5 万)[M]. 北京：地震出版社.

周广胜,张新时,1995. 自然植被净第一性生产力模型初探[J]. 植物生态学报,19(3)：193-200.

周文佐,刘高焕,潘剑军,2003. 土壤有效含水量的经验估算研究[J]. 干旱区资源与环境,17：89-93.

周雅萍,赵先超,2024. 长株潭城市群人类活动强度与生态系统服务价值空间关系[J/OL]. 中国环境科学：1-14 [2024-03-01]. https：//doi. org/10. 19674/j. cnki. issn1000-6923. 20240017. 003.

朱文泉,陈云浩,徐丹,等,2005. 陆地植被净初级生产力计算模型研究进展[J]. 生态学杂志,3：296-300.

朱文泉,潘耀忠,张锦水,2007. 中国陆地植被净初级生产力遥感估算[J]. 植物生态学报,3：413-424.

宗文君,蒋德明,阿拉木萨,2006. 生态系统服务价值评估的研究进展[J]. 生态学杂志,25(2)：212-217.

邹年根,罗伟祥,1997. 黄土高原造林学[M]. 北京：中国林业出版社.

ANDERSSON E,BARTHEL S,AHRNE K,2007. Measuring social-ecological dynamics behind the generation of ecosystem services[J]. Ecological Applications,17(5)：1267-1278.

ARMSWORTH P R,CHAN K M A,DAILY G C,et al,2007. Ecosystem-service science and the way forward for conservation[J]. Conservation Biology,21(6)：1383-1384.

BAI Y,ZHENG H,OUYANG Z Y,et al,2013. Modeling hydrological ecosystem services and tradeoffs：A case study in Baiyangdian watershed,China[J]. Environmental Earth Sciences,70：709-718.

BAILEY R G,2002. Ecoregion-based Design for Sustainability[M]. New York：Springer Verlag.

BALMFORD A,GASTON K J,BLYTH S,et al,2003. Global variation in terrestrial conservation costs,conservation benefits and unmet conservation needs[J]. PNAS,100(3)：1046-1050.

BALVANERA P,PFISTERER A B,BUCHMANN N,et al,2006. Quantifying the evidence for biodiversity effects on ecosystem functioning and services [J]. Ecology Letters, 9 (10)：1146-1156.

BENNETT E M,PETERSON G D,GORDON L J,2009. Understanding relationships among multiple ecosystem services[J]. Ecology Letters,12：1-11.

BROOKS R H,COREY A T,1964. Hydraulic properties of porous media[D]. Fort Collins：Colorado State University.

BUDYKO M I,1974. Climate and Life[M]. New York：Academic：217-243.

COSTANZA R,D'ARGE R,DE GROOT R S,et al,1997. The value of the world's ecosystem services and natural capital[J]. Nature,387(6630)：253-260.

DAILY G C,1997. Nature's Services：Societal Dependence on Natural Ecosystems[M]. Washington DC：Island Press.

DE GROOT R S,1992. Functions of Nature：Evaluation of Nature in Environmental Planning,Management and Decision Making[R]. Amsterdam：Wolters Noordhoff.

DENG L,SHANGGUAN Z P,LI R,2012. Effects of the grain-for-green program on soil erosion in China[J]. International Journal of Sediment Research,27(1)：120-127.

FANG N F,SHI Z H,LI L,et al,2011. Rainfall,runoff,and suspended sediment delivery relationships in a small agricultural watershed of the Three Gorges area,China[J]. Geomorphology,135 (1-2)：158-166.

FENG X M,WANG Y F,CHEN L D,et al,2010. Modeling soil erosion and its response to land-use change in hilly catchments of the Chinese Loess Plateau[J]. Geomorphology,118(3-4)：239-248.

FIELD C B,BEHRENFELD M J,RANDERSON J T,et al,1998. Primary production of the biosphere：Integrating terrestrial and oceanic components[J]. Science,281(5374)：237-240.

FOLEY J A,DEFRIES R,ASNER G P,et al,2005. Global consequences of land use[J]. Science, 309：570-574.

FU B J,GULINCK H,1994. Land evaluation in an area of severe erosion：The Loess Plateau of China[J]. Land Degradation and Development,5(1)：33-40.

FU B J,CHEN L D,MA K M,2000. The relationships between land use and soil conditions in the hilly area of the loess plateau in northern Shaanxi,China[J]. Catena,39：69-78.

FU B J,ZHAO W W,CHEN L D,et al,2005. Assessment of soil erosion at large watershed scale using RUSLE and GIS：A case study in the Loess Plateau of China[J]. Land Degradation and Development,16(1)：73-85.

FU B J,SU C H,WEI Y P,et al,2011. Double counting in ecosystem services valuation：Causes and countermeasures[J]. Ecol Res,26：1-14.

GABRIEL D,SAIT S M,HODGSON J A,et al,2010. Scale matters：The impact of organic farming on biodiversity at different spatial scales[J]. Ecology Letters,13(7)：858-869.

GYSSELS G,POESEN J,NACHTERGAELE J,et al,2002. The impact of sowing density of small grains on rill and ephemeral gully erosion in concentrated flow zones[J]. Soil and Tillage Research,64：189-201.

GYSSELS G,POESEN J,2003. The importance of plant root characteristics in controlling concentrated flow erosion rates[J]. Earth Surface Processes and Land Forms,28：371-384.

HADWEN S,PALMER L J,1922. Reindeer in Alaska. USDA Bulletin, No. 1089[R]. Washington DC：Department of Agriculture.

HAMON W R,1961. Estimating potential evapotranspiration[J]. Proceedings of the American Society of Civil Engineers,87：107-120.

HAWKINS K,2003. Economic valuation of ecosystem services[D]. Twin Cities: University of Minnesota.

HOULAHAN J E,FINDLAY C S,2004. Estimating the critical distance at which adjacent land-use degrades wetland water and sediment quality[J]. Landscape Ecology,19(6): 677-690.

JOPKE C,KREYLING J,MAES J,et al,2015. Interactions among ecosystem services across Europe: Bagplots and cumulative correlation coefficients reveal synergies, trade-offs, and regional patterns[J]. Ecological Indicators,49: 46-52.

KEMKES R J,FARLEY J,KOLIBA C J,2010. Determining when payments are an effective policy approach to ecosystem service provision[J]. Biological Economics,69(11): 2069-2074.

KIRCHNER M,SCHMIDT J,KINDERMANN G,et al,2015. Ecosystem services and economic development in Austrian agricultural landscapes the impact of policy and climate change scenarios on trade-offs and synergies[J]. Ecological Economics,109: 161-174.

KUMAR M,MONTEITH J L,1982. Remote Sensing of Plant Growth[C]//Smith H. Plants and the Daylight Spectrum. London: Academic Press: 133-144.

LAMBIN E F, TURNER B L, GEIST H J, et al, 2001. The causes of land-use and land-cover change: Moving beyond the myths[J]. Global Environmental Change,11:261-269.

LAMBIN E F,GEIST H J,LEPERS E,2003. Dynamics of land-use and land-cover change in tropical regions[J]. Annual Review of Environment and Resources,28:205-241.

LEITH H,WITTAKER R H,1975. Modeling the Primary Productivity of the World[C]//Primary Productivity of the Biosphere. New York: Springer Verlag: 237-263.

LIMBURG K E,O'NEILL R V,COSTANZA R,et al,2002. Complex systems and valuation[J]. Ecological Economics,41(3): 409-420.

LIU B Y,ZHANG K L,XIE Y,2002. An Empirical Soil Loss Equation[C]//Proceedings of 12th International Soil Conservation. Beijing: Tsinghua Press: 143-149.

LOS S O,JUSTICE C O,TUCKER C J,1994. A global 1° by 1° NDVI dataset for climate studies derived from the GIMMS continental NDVI data[J]. International Journal of Remote Sensing,15: 3493-3518.

LUCK G W,DAILY G C,EHRLICH P R,et al,2003. Population diversity and ecosystem services [J]. Trends in Ecology and Evolution,18(7): 331-336.

LÜ Y H,FU B J,FENG X M,et al,2012. A policy-driven large scale ecological restoration: Quantifying ecosystem services changes in the Loess Plateau of China[J]. Plos ONE,7(2):31-38.

MA,2005. Ecosystems and Human Well-Being: Current State and Trends[M]. Washington DC: Island Press: 829-838.

MARSH G P,1864. Man and Nature[M]. New York: Charles Scribner.

MCFARLANE D,STONE R,MARTENS S,et al,2012. Climate change impacts on water yields and demands in south-western Australia[J]. Journal of Hydrology,475: 488-498.

MORGAN R P C,QUINTON J N,SMITH R E,et al,1998. The European soil erosion model (EUROSEM): A dynamic approach for predicting sediment transport from fields and small catchments[J]. Earth Surface Processes and Landforms,23(6): 527-544.

NATIONAL RESEARCH COUNCIL, 2000. Watershed Management for Potable Water Supply: Assessing the New York City Strategy[M]. Washington DC: National Academy Press.

NEITSCH S L, ARNOLD J G, KINIRY J R, et al, 2002. Assessment Tool Theoretical Documentations[C]//Texas Water Resources Institute Report. Texas: Texas Water Resources Institute College Station: 191.

ODUM H T, 1986. Emergy in Ecosystems [C]//Poulin E D. Ecosystem Theory and Application. New York: John Willey and Sons: 337-369.

ODUM H T, 1996. Environmental Accounting: Emergy and Environmental Decision Making[M]. New York: John Wilely.

OMERNIK J M, 2004. Perspectives on the nature and definition of ecological regions[J]. Environmental Management, 34(s1): 27-38.

OSBORN F, 1948. Our Plundered Planet[M]. Boston: Little, Brown and Company.

OUYANG Z Y, ZHENG H, XIAO Y, et al, 2016. Improvements in ecosystem services from investments in natural capital[J]. Science, 352: 1455-1459.

PALMER M E, BERNHARDT E, CHORNESKY S, et al, 2004. Ecology for a crowded planet[J]. Science, 304(5675): 1251-1252.

PETROSILLO I, ZACCARELLI N, ZURLINI G, 2010. Multi-scale vulnerability of natural capital in a panarchy of social-ecological landscapes[J]. Ecological Complexity, 7(3): 359-367.

POTTER C S, RANDERSON J T, FIELD C B, et al, 1993. Terrestrial ecosystem production: A process model based on global satellite and surface data[J]. Global Biogeochemical Cycle, 7(4): 811-841.

PRETTY J N, NOBLE A D, BOSSIO D, et al, 2006. Resource-conserving agriculture increases yields in developing countries[J]. Environmental Science and Technology, 40: 1114-1119.

RAUDSEPP-HEARNE C, PETERSON G D, BENNETT E M, 2010. Ecosystem service bundles for analyzing tradeoffs in diverse landscapes[J]. PNAS, 107: 5242-5247.

RAWLS W J, BRAKENSIEK D L, SAXTON K E, 1982. Estimation of soil water properties[J]. Trans ASAE, 25(5): 1316-1320.

RICHARDSON C W, FOSTER G R, WRIGHT D A, 1983. Estimation of erosion index from daily rainfall amount[J]. Transactions American Society of Agricultural Engineers, 26(1): 153-157.

ROBERTSON G P, SWINTON S M, 2005. Reconciling agricultural productivity and environmental integrity: A grand challenge for agriculture[J]. Frontiers in Ecology and the Environment, 3(1): 38-46.

RODRiGUEZ J P, BEARD T D, BENNET E M, et al, 2006. Trade-offs across space, time, and ecosystem services[J]. Ecology and Society, 11: 709-723.

SAWUNYAMA T, SENZANJE A, MHIZHA A, 2005. Estimation of small reservoir storage capacities in Limpopo River Basin using geographical information systems (GIS) and remotely sensed surface areas: Case of Mzingwane catchment[J]. Physics and Chemistry of the Earth, 31(15): 935-943.

SAXTON K E, RAWLS W J, ROMBERGER J S, et al, 1986. Estimating generalized soil water characteristics from texture[J]. Soil Science Society of America Journal,50:1031-1036.

SCEP,1970. Man's Impact on the Global Environment: Assessment and Recommendations for Action[M]. Cambridge: MIT Press.

SELLERS P J,1985. Canopy reflectance,photosynthesis,and transpiration[J]. International Journal of Remote Sensing,6: 1335-1371.

SU C H,FU B J,HE C S,et al,2012. Variation of ecosystem services and human activities: A case study in the Yanhe Watershed of China[J]. Acta Oecologica,44: 46-57.

SU C H,FU B J,2013. Evolution of ecosystem services in the Chinese Loess Plateau under climatic and land use changes[J]. Global and Planetary Change,101:119-128.

SUTHERLAND W J,ARMSTRONG-BROWN S,ARMSWORTH P R,et al,2006. The identification of the 100 ecological questions of high policy relevance in the UK[J]. Journal of Applied Ecology,43(4): 617-627.

TALLIS H T,RICKETTS T,GUERRY A D,et al,2011. InVEST 2.2.2 User's Guide[R]. The Natural Capital Project.

TANG C,CROSBY B T,WHEATON J M,et al,2012. Assessing stream flow sensitivity to temperature increases in the Salmon River Basin,Idaho[J]. Global and Planetary Change,88-89: 32-44.

THOMSON G M,1886. Acclimatization in New Zealand[J]. Science,8(197): 426-430.

TURNER R K,PEARCE D W,BATEMAN I,1994. Environmental Economics: An Elementary Introduction[M]. New York: Harvester Wheatsheaf.

WANG Y K,WU Q X,ZHAO H Y,et al,1993. Mechanism on anti scouring of forest litter[J]. Journal of Soil and Water Conservation,7(1): 75-80.

WANG J F,LI X H,CHRISTAKOS G,et al,2010. Geographical detectors-based health risk assessment and its application in the neural tube defects study of the Heshun region,China[J]. International Journal of Geographical Information Science,24: 107-127.

WANG J F,HU Y,2012. Environmental health risk detection with Geo Detector[J]. Environmental Modelling and Software,33: 114-115.

WICKHAM J D,RITTERS K H,1995. Sensitivity of landscape metrics to pixel size[J]. International Journal of Remote Sensing,16: 3585-3594.

WICKHAM J D,O'NEILL R V,RIITTERS K H,et al,1997. Sensitivity of selected landscape pattern metrics to land-cover misclassification and differences in land-cover composition[J]. Photogrammetric Engineering and Remote Sensing,63: 397-402.

WILLIAMS J R,ARNOLD J G,1997. A system of erosion-sediment yield models[J]. Soil Technology,11(1): 43-55.

WISCHMEIRER W H,JOHNSON C B,CROSS B V,1971. A soil erodibility nomograph for farmland and construction sites[J]. Journal of Soil and Water Conservation,26(5):189-193.

WISCHMEIER W H,SMITH D D,1978. Predicting Rainfall Erosion Losses: A Guide to Conservation Planning[C]//Agriculture Handbook No. 537. Washington DC: US Department of Agriculture: 5-8.

YANG S Q,ZHAO WW,LIU Y X,et al,2018. Influence of land use change on the ecosystem service trade-offs in the ecological restoration area: Dynamics and scenarios in the Yanhe watershed, China[J]. Science of the Total Environment,644: 556-566.

YOON H K, 1990. Loess cave-dwellings in Shaanxi Province, China[J]. Geo Journal, 21 (1-2): 95-102.

ZHA X,TANG K L,ZHANG K L,et al,1992. The impacts of Vegetation on soil characteristics and soil erosion[J]. Journal of Soil and Water Conservation,6(2):52-59.

ZHANG L,DAWES W R,WALKER G R,2001. Response of mean annual evapotranspiration to vegetation changes at catchment scale[J]. Water Resources Research,37: 701-708.

ZHENG F L, 2006. Effect of vegetation changes on soil erosion on the Loess Plateau[J]. Pedosphere,16(4): 420-427.